Rund um das Wasser – ein physikalischer Streifzug

S. Anders

3. Auflage

Mit 41 Abbildungen

BSB B. G. Teubner Verlagsgesellschaft
Leipzig 1990

Kleine Naturwissenschaftliche Bibliothek · Band 54
ISSN 0232-346X

Autor:
Oberlehrer Siegfried Anders,
Karl-Marx-Universität Leipzig

Anders, Siegfried:
Rund um das Wasser – ein physikalischer Streifzug / S. Anders. – 3. Aufl. – Leipzig : BSB Teubner, 1990. – 64 S. : 41 Abb.
(Kleine Naturwissenschaftliche Bibliothek; 54)
NE: GT

ISBN 978-3-322-00785-8 ISBN 978-3-663-01277-1 (eBook)
DOI 10.1007/978-3-663-01277-1

3. Auflage
VLN 294-375/100/90 · LSV 1129
Lektor: Dipl.-Met. Christine Dietrich

Bestell-Nr. 666 625 4

Inhalt

Vorwort

Jeder von uns wird tagtäglich mit physikalischen Erscheinungen konfrontiert. Ob er in der anfahrenden Straßenbahn nach hinten gedrückt wird, ob er beim Wandern mit Hilfe eines Kompasses die Richtung bestimmt oder ob er sich beim Schwimmen vom Wasser tragen läßt, immer sind physikalische Gesetzmäßigkeiten die Grundlage.

Meistens werden wir uns dieser Tatsache überhaupt nicht bewußt. Das mag daran liegen, daß es sich um alltägliche und damit selbstverständliche Erscheinungen handelt, über die nachzudenken scheinbar keine Veranlassung besteht. Spätestens in dem Moment jedoch, in dem Freunde oder Kinder die berühmte Frage nach dem „Warum" stellen, bemerken wir, daß selbst die Erklärung altbekannter Vorgänge Schwierigkeiten bereiten kann.

Dieses Büchlein will zum tieferen Nachdenken über die Ursachen physikalischer Erscheinungen anregen, die alle auf die eine oder andere Weise mit dem Wasser zusammenhängen.

Die Art der Darstellung, die i. allg. auf tiefergehende theoretische Begründungen verzichtet, soll dem Leser die physikalischen Zusammenhänge auf unterhaltsame Weise näherbringen. Sie soll ihn anregen, sich mit Hilfe weiterführender Literatur umfassendere Kenntnisse anzueignen.

Das Buch wendet sich an einen breiten Kreis naturwissenschaftlich interessierter Leser. Es setzt keine speziellen Kenntnisse voraus.

Der Umfang des Buches machte eine Beschränkung auf physikalische Erscheinungen notwendig. Umweltfragen und Fragen der Beziehungen des Wassers zu anderen Wissenschaftsgebieten mußten deshalb weitgehend unberücksichtigt bleiben.

Leipzig, im April 1982 Siegfried Anders

Einleitung

Es besteht kein Zweifel darüber, daß das Wasser die verbreitetste und für das Leben wichtigste Flüssigkeit auf unserer Erde ist. Das Wasser dient dem Menschen seit langem als Grundlage seiner biologischen Existenz, als Transport- und Antriebsmittel.

Am Anfang nutzte es der Mensch als etwas Naturgegebenes. Bald aber drang er tiefer in das Wesen des Wassers ein und erkannte Strukturen, Zusammenhänge und Gesetzmäßigkeiten. Er untersuchte das ruhende und das strömende Wasser. Er erforschte die Aggregatzustände des Wassers und die Übergänge zwischen ihnen. Er lernte, das Wasser seinem Willen untertan zu machen.

Viele Fragen waren dabei zu lösen. Eine kleine Auswahl sei hier genannt:

- Wie muß die Kraft zwischen den Molekülen des Wassers beschaffen sein, wenn sie sowohl der Vergrößerung als auch der Verringerung des Volumens entgegenwirkt?
- Wieso kann Eis bei Druckerhöhung schmelzen?
- Kann das Volumen bei Erwärmung abnehmen?
- Wie können Gletscher fließen?
- Warum sind Wassertropfen beim freien Fall kugelförmig?
- Warum steigt Wasser in Kapillaren?
- Warum sinkt Quecksilber in Kapillaren?
- Wieso wird Wäsche beim Waschen sauber?
- Wie kann ein großes Schiff schwimmen, wenn ein kleiner Stein untergeht?
- Wie kann man Wohnungen der oberen Etagen mit Wasser versorgen?
- Warum werden die Quellen nicht leer?
- Wie entstehen Wolken, Nebel, Schnee und Reif?
- Wie kommt es zur Wirbelbildung?
- Woher bekommt das Wasser seine Energie?
- Wie entstehen Ebbe und Flut?

Die folgenden Kapitel geben auf diese und andere Fragen eine Antwort.

Von der Vielfalt des Wassers

Tschingis Aitmatow stellt in seiner Erzählung „Der Sypaitschi“ den Kampf der Menschen gegen das Hochwasser und um das kostbare Naß für die Felder dar. Eindrucksvoll ist jene Passage der Erzählung, in der geschildert wird, wie sich der Fluß Talas den Weg durch eine Schlucht bahnt: „In der Schlucht spielte sich ein ewiger Kampf ab. Der Talas, durch sein Steinbett beengt, forderte wütend Freiheit. Mit fürchterlicher Gewalt rannte er gegen den Fuß der Klippen an, warf sich gegen ihre steinerne Brust. Doch o weh! Die Felsen schwiegen düster, blieben reglos und gleichgültig. In ohnmächtiger Wut schluchzte der schäumende Fluß auf und kroch wie eine erzürnte Schlange zurück. Sein dumpfes, erregtes Tosen klang halb drohend, halb flehend. Dann sammelte er frische Kraft, brandete von neuem gegen die Felswände der Schlucht und wich wieder schwer aufseufzend zurück. So ging das ohne Ende.“

In der meisterhaften Sprache des Schriftstellers wird hier eine Eigenschaft des Wassers beschrieben, die der Physiker als die Fähigkeit des Wassers bezeichnen würde, eine mechanische Arbeit zu verrichten.

Dieses Arbeitsvermögen des Wassers ist nur eine, wenn auch sehr bedeutende Eigenschaft des Wassers. Wasser verwendet der Mensch jedoch in vielfältiger Gestalt und zu vielerlei Zweck. Davon zeugen die zahlreichen Verben, die mit dem Substantiv „Wasser“ verbunden werden können. Wasser kann fließen und strömen, rinnen und perlen, es kann tropfen. Wasser kann steigen und fallen, tragen und transportieren, es kann ruhen. In den Werken der Schriftsteller plätschert, rauscht und brodelt das Wasser, es murmelt und flüstert, es dröhnt und brüllt. Es ist Freund, aber auch Feind der Menschen und Tiere. Man kann mit Wasser spritzen, kann es schütten und gießen. Man kann im Wasser planschen, schwimmen und tauchen. Man kann Wasser trinken und schlürfen, nach ihm lechzen. Man kann am Wasser spazierengehen und träumen, sich an ihm erholen.

Wasser ist unser ständiger Begleiter. Wir haben täglich Kontakt mit ihm. Deshalb ist es interessant und nützlich, sich mit einigen Eigenschaften dieser besonderen Flüssigkeit aus physikalischer Sicht zu beschäftigen.

71% der Oberfläche unserer Erde sind mit Wasser bzw. Eis bedeckt. Auf unserem Planeten gibt es schätzungsweise 1,64 Trillionen Tonnen Wasser, von denen sich 97,2% in den Weltozea-

nen befinden. Diese geschätzte Wassermenge ist so groß, daß für jeden Menschen theoretisch 315 Millionen Tonnen Wasser zur Verfügung stehen, wenn man von einer Erdbevölkerung von 5,2 Milliarden Menschen ausgeht.
Wir Menschen selbst bestehen zu 60% aus Wasser. Das bedeutet immerhin, daß in einem Menschen von 80 kg Masse 48 kg Wasser enthalten sind! Jeder Mensch muß täglich mit der Nahrung etwa 3 Liter Wasser aufnehmen. Allein dafür müssen also Tag für Tag 15,6 Millionen Tonnen Wasser zur Verfügung stehen in Formen, die für den Menschen genießbar sind.
Wasser umgibt uns. Wasser ist in uns. Wasser ist unentbehrlich. Was aber ist Wasser?

Vom Wesen des Wassers

Der letzte Abschnitt schloß mit der Frage: Was ist Wasser? Darauf muß jetzt eine Antwort gefunden werden. Auf den ersten Blick ist das eine einfache Aufgabe. Die meisten werden antworten, daß das Wasser eine Flüssigkeit mit der chemischen Formel H_2O ist. Vielleicht erläutern sie dann noch, daß ein Molekül Wasser aus zwei Atomen Wasserstoff (H) und einem Atom Sauerstoff (O) aufgebaut ist. Diese Antworten genügen uns aber noch nicht. Wir müssen uns etwas genauer mit dem Aufbau der Wassermoleküle beschäftigen, weil wir nur so einige besondere Eigenschaften des Wassers verstehen können, mit denen wir uns in diesem Büchlein vertraut machen wollen.
Das Wassermolekül ist gewinkelt. Das Sauerstoffatom hat zwei Bindungsrichtungen, die senkrecht aufeinanderstehen, so daß theoretisch ein Bindungswinkel von 90° erwartet werden muß. Durch Experimente wurde aber ein Winkel von etwa 105° gefunden (Abb. 1). Die Abweichung vom theoretischen Wert ist auf die gegenseitige Abstoßung der H-Atome zurückzuführen. Die Folge der in Abb. 1 dargestellten Struktur besteht darin,

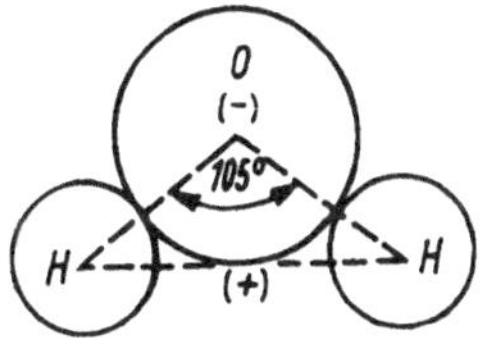

Abb. 1. Aufbau des Wassermoleküls

daß im Wassermolekül der Schwerpunkt der negativen Ladung nicht mit dem Schwerpunkt der positiven Ladung zusammenfällt. Das Wassermolekül ist elektrisch polarisiert. Es ist ein Dipolmolekül.
Wir haben weiter oben schon angedeutet, daß in jeder Antwort auf die Frage nach dem Wesen des Wassers das Wort „Flüssigkeit" eine Rolle spielen wird. Was ist nun aber eine Flüssigkeit? Auch diese Frage ist nicht so schnell beantwortet. Weil Flüssigkeiten eine Mittelstellung zwischen den Gasen und den festen Körpern einnehmen, kann man sie oft nur im Vergleich mit diesen beiden anderen Aggregatzuständen charakterisieren.
Die Kräfte zwischen den Atomen oder Molekülen einer Flüssigkeit haben dieselbe Größenordnung wie die entsprechenden Kräfte bei den Festkörpern. Das hat zur Folge, daß sich die Teilchen einer Flüssigkeit im Mittel nur wenig voneinander entfernen, daß die Flüssigkeiten also im Unterschied zu den Gasen nicht jeden zur Verfügung stehenden Raum einnehmen können. Diese Eigenschaft des Wassers ist durchaus bedeutungsvoll für das Leben der Menschen, denn andernfalls müßte man Wassereimer, Badewannen und Ozeane mit gut schließenden Deckeln versehen.
Wir sahen, daß sich das Volumen einer Flüssigkeit nicht beliebig ausdehnen kann. Wie steht es aber mit einer Verkleinerung des Volumens, etwa durch Druckerhöhung? Auch das gelingt kaum. Wenn man z. B. den Druck um 100000 Pascal erhöht (1 Pa = 1 N/m^2), so verringert sich das Volumen von 1 l Wasser lediglich auf 0,999 955 l. Durch diese Volumenbeständigkeit ähneln die Flüssigkeiten den festen Körpern. Das gilt auch für andere Eigenschaften: relativ große Dichte und geringe Ausdehnung bei Erwärmung.
Diese Volumenbeständigkeit wirft eine interessante Frage auf: Wie müssen die Kräfte zwischen den Teilchen beschaffen sein, wenn sie einerseits die Teilchen anziehen, wenn sie aber andererseits einen Mindestabstand der Moleküle sichern, denn Flüssigkeiten sind ja inkompressibel. Die Antwort gibt das folgende Diagramm (Abb. 2): Es zeigt, daß es für sehr kleine Abstände zwischen den Molekülen einer Flüssigkeit abstoßende Kräfte gibt, die mit Verringerung des Abstandes stark wachsen. Bei größeren Abständen gibt es Anziehungskräfte, die mit wachsendem Abstand der Teilchen abnehmen. Wenn die Temperatur konstant bleibt, haben Flüssigkeiten ein nahezu konstantes Volumen. In dieser Eigenschaft ähneln sie den festen Körpern.

Der berühmte Geist in der Flasche muß zumindest während der Verwandlung gasförmig gewesen sein.

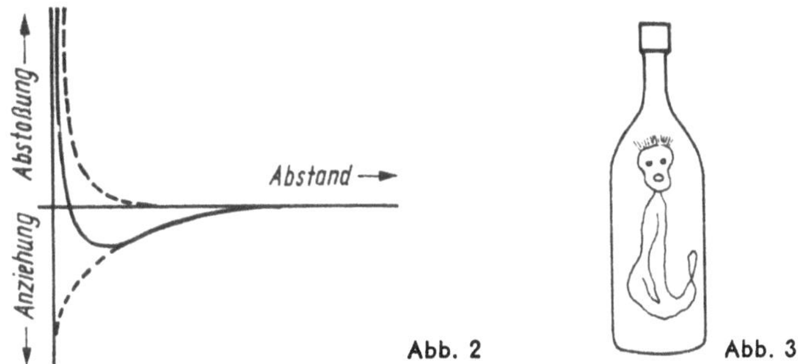

Abb. 2. Zwischenmolekulare Wechselwirkung
Abb. 3. Der Geist in der Flasche

Es gibt jedoch auch eine Eigenschaft, die die Flüssigkeiten deutlich von den festen Körpern unterscheidet. Das ist die Unbeständigkeit der Form. Flüssigkeiten sind gießbar. Sie passen sich mühelos der Form des Gefäßes an. Offenbar sind die Teilchen einer Flüssigkeit beliebig gegeneinander verschiebbar. Das unterscheidet die Flüssigkeit in ihrer Struktur von den festen Körpern. Bis heute ist die Struktur der Flüssigkeiten noch nicht völlig geklärt.

Eine wesentliche Erkenntnis über die Struktur der Flüssigkeiten stammt aus dem Jahre 1927. Die Physiker Debye und Prins stellten mit Hilfe von Röntgenstrahlen fest, daß es in Flüssigkeiten eine Nahordnung gibt. Das bedeutet, daß die Anordnung der Teilchen einer Flüssigkeit im submikroskopischen Bereich der Ordnung in einem Kristallgitter eines festen Körpers nahekommt. Diese Nahordnung erfaßt nur die unmittelbaren Nachbarn eines Teilchens und ist schon nach wenigen Teilchendurchmessern nicht mehr erkennbar.

Welche Erkenntnisse über das Wesen des Wassers haben wir bis jetzt gewonnen? Wasser besteht aus Molekülen, die elektrisch polarisiert sind. Im submikroskopischen Bereich gibt es eine Ordnung, eine sog. Nahordnung der Teilchen. Im makroskopischen Bereich gibt es diese Ordnung nicht, die Teilchen sind gegeneinander verschiebbar, das Wasser ist gießbar. Andererseits aber ist das Wasser volumenbeständig und damit auch weitgehend inkompressibel.

Von einigen Besonderheiten des Wassers

Wenn man um einen Eisblock eine belastete Drahtschlinge legt, so schmilzt sie sich gewissermaßen langsam durch das Eis (Abb. 4). Nach einiger Zeit fällt sie zu Boden. Der Eisblock jedoch ist fest wie zuvor. Diese Erscheinung nennt man Regelation (Wiedergefrieren).

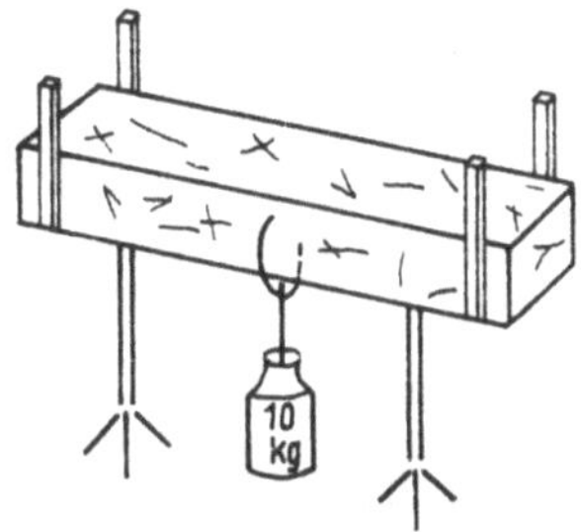

Abb. 4. Regelation des Eises

Gletscher fließen zu Tal, obwohl die Temperaturen unter 0 °C liegen.
Eine bei Frost auf dem Balkon stehende volle Flasche ist am Morgen geborsten.
Fische überwintern in stehenden Gewässern, obwohl die Außentemperaturen weit unter den Gefrierpunkt des Wassers absinken.
Diese Erscheinungen sind sonderbar. Bei den meisten Stoffen gilt, daß sie sich bei Erwärmung ausdehnen, bei Abkühlung zusammenziehen. Ihre Dichte $\varrho = m/V$ (Masse/Volumen) nimmt bei Erwärmung wegen der Vergrößerung des Volumens ab, bei Abkühlung nimmt sie zu. Der kältere Teil der flüssigen Phase der meisten Stoffe sinkt wegen seiner größeren Dichte nach unten, so daß das Erstarren am Boden des Gefäßes beginnt. Die feste Phase hat eine größere Dichte als die flüssige Phase des Stoffes. Druckerhöhung führt zu einer Erhöhung des Schmelzpunktes.
Bei Wasser ist es ganz anders, es tritt eine Dichteanomalie auf. Wasser hat bei 4 °C seine größte Dichte: 0,999 973 kg/dm^3 (Abb. 5). Das bedeutet aber eine Volumenzunahme bei einer Abkühlung unter 4 °C! Daraus folgt, daß die feste Phase des Wassers – das Eis – eine geringere Dichte als die flüssige Phase hat ($\varrho_{\text{Eis}} = 0{,}917$ kg/dm^3), daß beim Erstarren des Wassers sein

Volumen zunimmt (um etwa 1/11). Diese Volumenzunahme beim Erstarren kann sogar zum Zerbersten wassergefüllter gußeiserner Hohlkugeln von 1 cm Wanddicke führen. Daraus folgt weiter, daß Wasser von 4 °C nach unten sinkt und das kältere

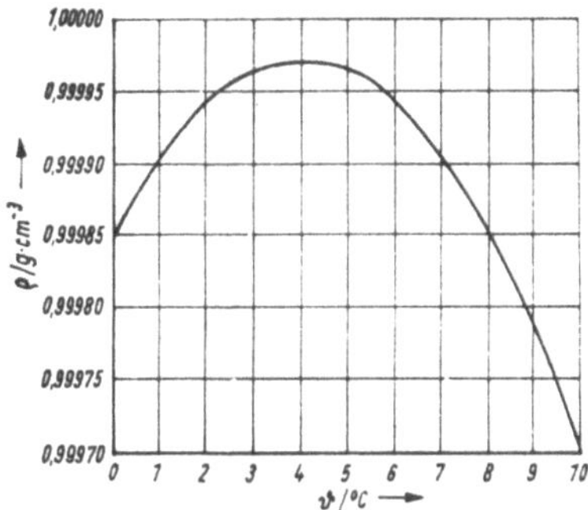

Abb. 5. Dichteanomalie des Wassers

Wasser oben bleibt (Abb. 6). Schließlich folgt aus der Dichteanomalie die Tatsache, daß bei Wasser der Schmelzpunkt durch Druckerhöhung erniedrigt wird. Druckerhöhung führt also zum Schmelzen des Eises schon unter 0 °C.

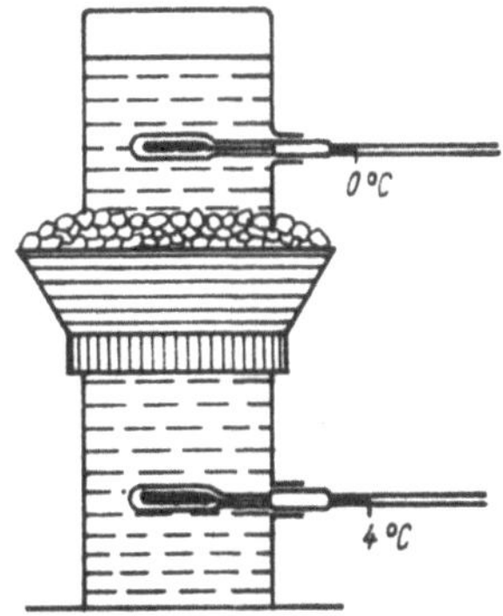

Abb. 6. Temperaturverteilung in zufrierenden stehenden Gewässern

Jetzt sind wir in der Lage, die am Beginn des Kapitels angeführten Beispiele zu erklären. Die Drahtschlinge (s. Abb. 4) durchwandert den Eisblock deshalb, weil sie einen hohen Druck erzeugt. Infolge dieses hohen Druckes schmilzt das Eis unter dem

Draht. Wenn der Druck nach dem Sinken der Schlinge nachläßt, gefriert das Wasser oberhalb des Drahtes sofort wieder. Auf diese Weise wandert die Drahtschlinge durch den Eisblock, und dieser ist danach unversehrt.

Gletscher fließen langsam zu Tal, weil durch den hohen Druck der Eismassen die unterste Schicht zu schmelzen beginnt.

Die geschlossene Flasche zerspringt, weil das Erstarren des Wassers mit einer Volumenzunahme verbunden ist. Die Zerstörung wird noch dadurch beschleunigt, daß sich das Glas infolge der Abkühlung zusammenzieht, wodurch der zur Verfügung stehende Hohlraum verkleinert wird.

Die Fische schließlich bleiben am Leben, weil sich das Wasser von 4 °C als Wasser der größten Dichte am Boden des Sees sammelt und der See von oben her zufriert. Zur Erklärung muß man noch anführen, daß Wasser ein schlechter Wärmeleiter ist. Ein Temperaturausgleich geht also nur sehr langsam vonstatten. Diese Folge der Dichteanomalie des Wassers hat natürlich für die Binnenfischerei und die Seen- und Teichwirtschaft größte Bedeutung.

Wir wollen uns jetzt der Frage zuwenden, wie dieses außergewöhnliche Verhalten des Wassers zu erklären ist. Im Wasser gibt es eine ausgeprägte Assoziation, d. h. die Zusammenlagerung mehrerer einfacher Moleküle zu größeren Komplexen. Wir erinnern an den Aufbau der Wassermoleküle (s. 2. Kapitel). Am „großen" Sauerstoffatom befinden sich die beiden „kleinen" Wasserstoffatome, die positiv wirken. Es tritt nun eine besondere Art der zwischenmolekularen Wechselwirkung ein, die sog. Wasserstoffbrückenbindung. Bei dieser Bindung tritt der Dipol, den ja das Wassermolekül darstellt, mit seinem positiven Ende an den Wasserstoffatomen mit dem negativen Sauerstoffatom anderer Moleküle in elektrostatische Wechselwirkung. Durch diese Bindung, die relativ stark ist, werden mehrere Wassermoleküle zu Molekülkomplexen assoziiert.

Die feste Phase des Wassers, das Eis, hat eine quarzähnliche Kristallstruktur. Wenn das Eis schmilzt, wird die Kristallstruktur nicht völlig zerstört, sondern es bleibt ein Teil der Molekülkomplexe erhalten. Bei 0 °C treten im Wasser vor allem Achterkomplexe auf, die ein relativ großes Volumen beanspruchen. Wenn die Temperatur zwischen 0 und 4 °C steigt, werden die Wasserstoffbrücken nach und nach getrennt. Dadurch nimmt das Volumen ab, und die Dichte steigt. Das Wasser verliert aber mit zunehmender Dissoziation (Zerfall) der Molekülkomplexe seine anomalen Eigenschaften in bezug auf die

Dichte und verhält sich ab 4°C in dieser Beziehung wieder normal.
Nachdem wir den Grund für die Dichteanomalie des Wassers kennengelernt haben, wollen wir uns weiteren Beispielen zuwenden.
Mit einem einfachen Versuch kann man sich davon überzeugen, daß das Schmelzen von Eis mit einer Volumenabnahme verbunden ist. Man füllt ein Glas mit Wasser und läßt ein großes Stück Eis darin so schwimmen, daß der Flüssigkeitsspiegel bis zum Rande des Glases steht (Abb. 7). Das schmelzende Eis zieht sich zusammen, so daß sich der Flüssigkeitsspiegel senkt.

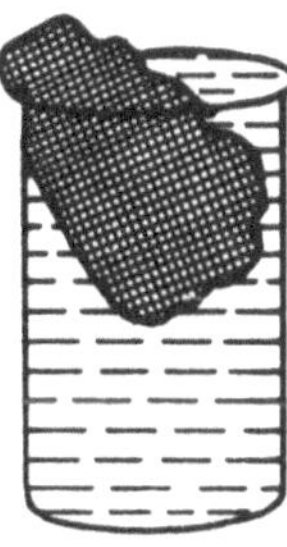

Abb. 7. Volumenabnahme des schmelzenden Eises

Wir sahen, daß sich Wasser beim Erstarren ausdehnt. Die dabei auftretenden Kräfte sind sehr groß. Sie können sogar dazu führen, daß Felsen zerstört werden, wenn Wasser, das in ihre Spalten eingedrungen ist, gefriert. Diese Volumenzunahme beim Erstarren des Wassers ist auch die Ursache dafür, daß man das Wasser aus ungeschützten Leitungen bei Frostgefahr ablassen muß. Anderenfalls besteht die Gefahr, daß die Leitungen durch das gefrierende Wasser zerstört werden.
Die Abnahme der Dichte beim Erstarren von Wasser hat zur Folge, daß seine feste Phase auf der flüssigen Phase, daß Eis also auf Wasser schwimmt. Diese besondere Erscheinung ist eine Ursache dafür, daß gewaltige Bruchstücke polaren Eises in Form von Eisbergen bis zu den 36. Breitengraden driften können, wodurch große Gefahren für die Schiffahrt entstehen. Ein internationaler Eiswarndienst soll diese Gefährdung der internationalen Schiffahrt verringern. Er wurde im Jahre 1912 eingerichtet, nachdem der Passagierdampfer „Titanic" nach Kollision mit Unterwassereis gesunken war. Bei dieser Schiffskatastrophe ertranken 1500 Menschen.
Die Erniedrigung des Schmelzpunktes des Eises durch Druck-

erhöhung hat außer der Gletscherbewegung noch andere Folgen. Immer wieder ziehen die Darbietungen von Eiskunstläufern Tausende in ihren Bann. Das elegante Gleiten mit Schlittschuhen auf dem Eis ist eigentlich ein Gleiten auf Wasser. Denn durch die schmalen Kufen entsteht ein hoher Druck, der das Eis schmelzen läßt. Der Wasserfilm wirkt als Schmiermittel. Hinter dem Läufer gefriert das Wasser sofort wieder.
Die glatte Oberfläche künstlich hergestellter Eisblöcke erzeugt man dadurch, daß man sie kurzzeitig hohem Druck aussetzt, wodurch die obere Schicht schmilzt. Nach Druckerniedrigung erstarrt das Wasser zur bekannten glasklaren und glatten Deckschicht der Eisblöcke. Das Formen von Schneebällen durch den Druck der Hände beruht auf dem gleichen Prinzip.
Zusammenfassend können wir feststellen, daß die Wasserstoffbrückenbindung der elektrisch polarisierten Wassermoleküle ein Kennzeichen der Struktur des Wassers in der Nähe des Erstarrungspunktes ist und daß dadurch die Dichteanomalie des Wassers mit all ihren erstaunlichen Folgen verursacht wird.

Von der Oberfläche des Wassers

Bekannt ist das Sprichwort: „Wasser hat keine Balken.“ Wenn wir die Hände in Wasser tauchen, verspüren wir keinen Widerstand. Ein Stein, der ins Wasser fällt, verschwindet ohne Aufenthalt in der Tiefe. Wasser ist gießbar. Es paßt sich allen Formen an. Deshalb kommt niemand auf die Idee, nach der Größe der Oberfläche von einem Liter Wasser zu fragen. Sie verändert sich mit der Gefäßform. Und doch können wir Erscheinungen beobachten, die uns veranlassen, etwas genauer über die Oberfläche des Wassers nachzudenken.
Da gibt es leichte Insekten, Wasserläufer genannt, die ihrem Namen alle Ehre machen (Abb. 8). Sie huschen über das Wasser. Sie tauchen nicht ein. Sie werden nicht naß.

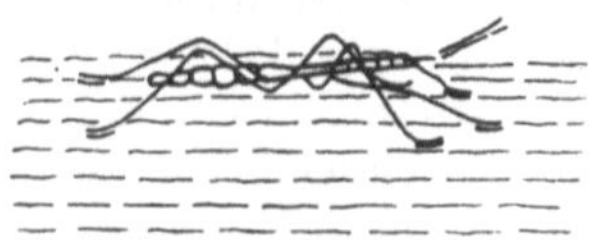

Abb. 8. Wasserläufer

Legt man ein Geldstück vorsichtig auf das Wasser (Abb. 9), so geht es nicht unter. Man hat den Eindruck, als würde die Wasseroberfläche eine gespannte Haut bilden.

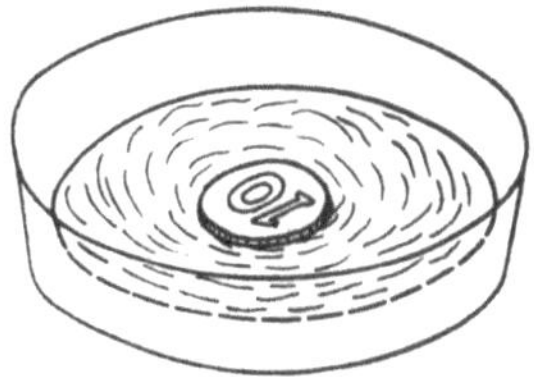

Abb. 9. Nichtsinkende Münze

Mit einiger Geduld gelingt es sogar, eine eingefettete Nadel so auf das Wasser zu legen, daß sie nicht untergeht.
Alle diese Erscheinungen werden von der Oberfläche des Wassers verursacht. Sobald die Oberfläche verletzt wird, sinken die Körper ohne weiteren Aufenthalt bis auf den Boden des Gefäßes. Also ist die Oberfläche des Wassers doch etwas Besonderes. Um den Dingen auf den Grund zu kommen, müssen wir uns auch diesmal den Teilchen zuwenden.
Wenn es an der Oberfläche des Wassers bemerkenswerte Erscheinungen gibt, so müssen die Teilchen, die die Oberfläche bilden, andere Eigenschaften haben als die Teilchen im Inneren der Flüssigkeit. Wir vernachlässigen bei den folgenden Betrachtungen die Wechselwirkungen des Wassers mit einem angrenzenden Medium, etwa der Luft. Wir nehmen an, daß es an das Vakuum grenzt.
In Abb. 10 sind vier Teilchen *A*, *B*, *C* und *D* hervorgehoben. Die Kreise geben die Bereiche an, in denen Anziehungskräfte von Nachbarteilchen ausgeübt werden. Der Radius eines solchen Wirkungskreises beträgt in der Realität $r_0 = 5 \cdot 10^{-9}$ m. Er ist also sehr klein. In 1 mm haben 200000 solcher Wirkungsradien Platz! Das Teilchen *A* ist allseitig von anderen Teilchen umgeben, so daß für dieses Teilchen die Resultante aus allen zwischenmolekularen Kräften gleich Null ist. Für die Teilchen

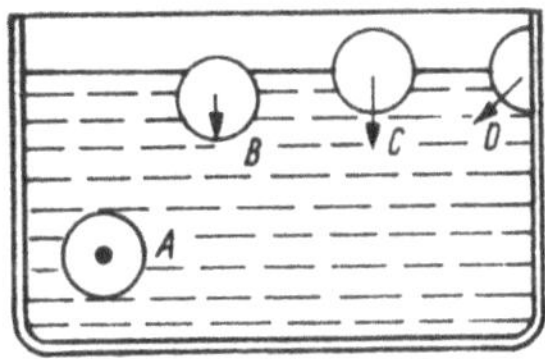

Abb. 10. Zur Entstehung der Oberflächenspannung

B, *C* und *D* sind Teile ihrer Wirkungskugel leer (die Kreise der Abb. 10 repräsentieren Kugeln), so daß sich eine resultierende Kraft ergibt, die jeweils eingezeichnet ist. Die Folge davon ist, daß die Oberflächenmoleküle einen Druck auf die Flüssigkeit ausüben. Man kann die Flüssigkeitsoberfläche mit einer elastischen Haut vergleichen, die die Flüssigkeit umspannt. Diese Haut hat eine gewisse Zerreißfestigkeit, und sie versucht, die Oberfläche minimal zu gestalten. Sie wirkt jeder Vergrößerung der Oberfläche entgegen.
Deshalb kann man sich die Bildung und das schließliche Abreißen von Wassertropfen an einem Wasserhahn so vorstellen, daß das Wasser in die am Hahn haftende Oberflächenhaut hineinläuft, bis das Gewicht des Wassers das Zerreißen der Haut verursacht. Der frei fallende Wassertropfen nimmt Kugelgestalt an, weil die Kugel bei gegebenem Volumen die kleinste Oberfläche hat.

Abb. 11. Minimierung der Oberfläche

Die Minimierung der Oberfläche verdeutlicht auch der folgende Versuch: In einem kreisförmigen Drahtrahmen (Abb. 11) befindet sich eine Seifenhaut. Auf diese Haut wird ein geschlossener Faden gelegt. Wenn man die Haut innerhalb des Fadens durchsticht, wird dieser zu einem Kreis auseinandergezogen. Die Kreisfläche ist bei gegebenem Umfang (Fadenlänge) maximal, so daß die Restfläche der Seifenhaut ein Minimum geworden ist.
Mit der minimierenden Wirkung der Wasseroberfläche kann man die Anfangsbeispiele mit dem Wasserläufer, dem Geldstück und der Nadel erklären. Das Gewicht dieser Körper verursacht ein Durchbiegen und damit eine Vergrößerung der vorher ebenen Wasseroberfläche. Dieser Vergrößerung setzt die Oberfläche einen Widerstand entgegen. Die Körper bleiben oben.
Da die Oberfläche einer Flüssigkeit bestrebt ist, ein Minimum einzunehmen, muß zur Vergrößerung der Oberfläche um den Betrag ΔA eine mechanische Arbeit W aufgewandt werden. Das

benutzt man zur Definition der physikalischen Größe „Oberflächenspannung“:

$$\text{Oberflächenspannung } \sigma = \frac{W}{\Delta A}.$$

W ist die mechanische Arbeit, die man aufwenden muß, um die Oberfläche um den Betrag ΔA zu vergrößern. Als Einheit für die Oberflächenspannung erhält man 1 N/m. Die Gleichung verdeutlicht, daß mit der Oberflächenspannung auch die mechanische Arbeit wächst, die man zur gleichen Vergrößerung der Oberfläche benötigt. Um eine Vorstellung von der Größenordnung der Oberflächenspannung zu geben, sollen für einige Stoffe die Werte angegeben werden: Für Wasser gilt $\sigma = 73 \cdot 10^{-3}$ N/m, für Quecksilber $\sigma = 491 \cdot 10^{-3}$ N/m und für Benzen $\sigma = 29 \cdot 10^{-3}$ N/m. Die Oberflächenspannung für Wasser z. B. sagt aus, daß man eine Arbeit von 0,073 N · m aufwenden muß, um die Oberfläche um 1 m^2 zu vergrößern. Die angegebenen Zahlen besagen weiter, daß die Oberflächenspannung von Quecksilber etwa das 6,7fache der Oberflächenspannung von Wasser beträgt, während diese wiederum das 2,5fache des entsprechenden Wertes von Benzen ist.
Die Oberflächenspannung eines Stoffes nimmt ab, wenn die Temperatur steigt. Das ist deshalb verständlich, weil sich die Flüssigkeit durch die Erwärmung der gasförmigen Phase nähert, bei der es ja keine Oberflächenspannung mehr gibt.
Eine der interessantesten Folgen der Oberflächenspannung ist die Kapillarität. Man versteht darunter die Tatsache, daß eine Flüssigkeit in einer engen Röhre, in einer Kapillare, höher oder tiefer steht als in der umgebenden Flüssigkeit (Abb. 12). Um

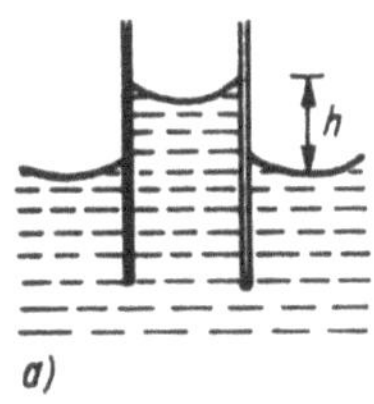

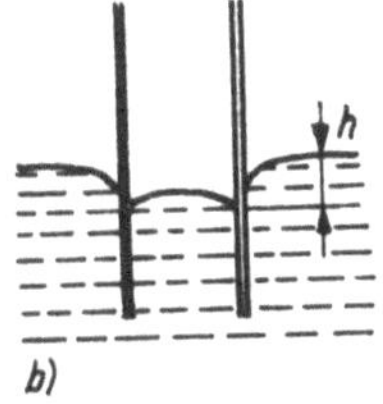

Abb. 12. Kapillarität

diese Erscheinung erklären zu können, soll jetzt untersucht werden, wie sich eine Flüssigkeit verhält, wenn sie an einen festen Körper grenzt. Das könnte z. B. die Gefäßwand sein. Abb. 13 zeigt, daß auf das betrachtete Flüssigkeitsteilchen S zwei Kräfte wirken. Das ist einmal die Kraft $\mathbf{F}_1$, die von den Molekülen der Flüssigkeit verursacht wird, und das ist zweitens die Kraft $\mathbf{F}_2$, die von den Molekülen des festen Körpers, der Gefäßwand, hervorgerufen wird. Aus den Komponenten $\mathbf{F}_1$ und $\mathbf{F}_2$ ergibt sich die resultierende Kraft **F**. **F** kann in die Flüssigkeit zeigen oder aus ihr heraus (Abb. 13). Das hängt vom Größenverhältnis der Komponenten ab. Die Oberfläche der Flüssig-

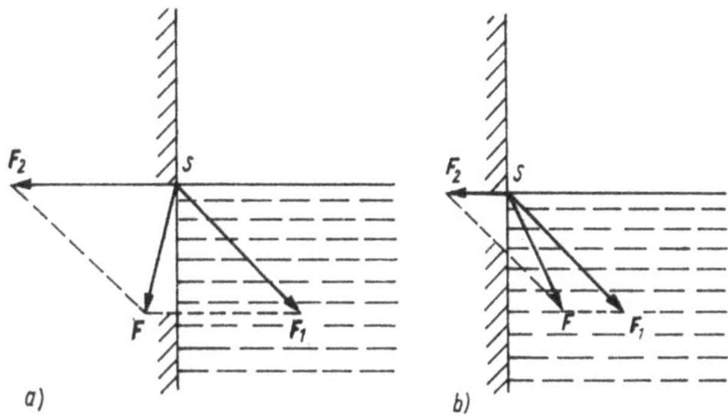

Abb. 13. Flüssigkeiten an Grenzflächen

keit muß sich immer senkrecht zur Resultierenden **F** einstellen. Die Folge davon ist, daß sich die Flüssigkeitsoberfläche nicht senkrecht zur Wand einstellt, sondern daß sich Randwinkel φ bilden, die $\neq 90°$ sind (Abb. 14a und b). Die Oberfläche wird also am Rande gekrümmt.

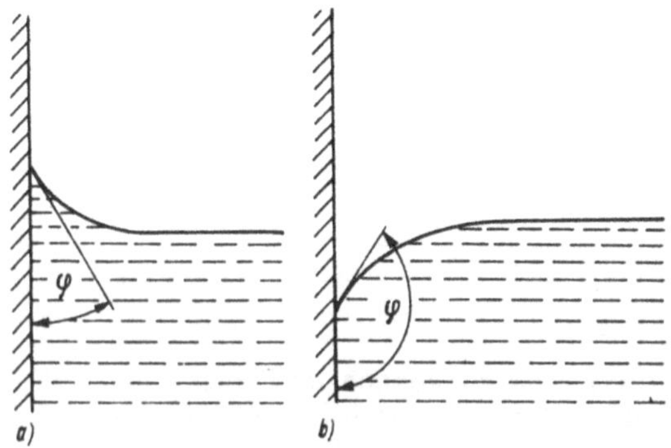

Abb. 14. Randwinkel

An dieser Stelle sollen zwei wichtige Begriffe eingeführt werden: Wenn der Randwinkel $\varphi < 90°$ ist, so sagt man, daß die Flüssigkeit die Wand benetzt. Für $\varphi > 90°$ sagt man, daß die Flüssigkeit die Wand nicht benetzt. Bei $\varphi = 0°$ spricht man von vollständiger Benetzung. Die Form, die liegende Tropfen bei Benetzung und Nichtbenetzung annehmen, zeigen die Abb. 15a und 15b.

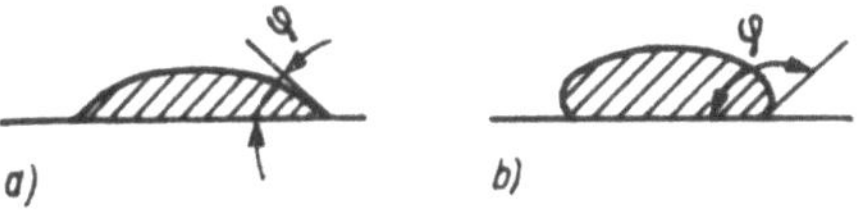

Abb. 15. Benetzung und Nichtbenetzung

Wenden wir uns nun wieder der Kapillarität zu. Wir sahen, daß die Oberfläche an den Rändern gekrümmt wird. Das bedeutet aber in jedem Fall eine Vergrößerung der Oberfläche. Da infolge der Oberflächenspannung die Oberfläche stets einem Minimum zustrebt, entsteht bei einer konkaven Krümmung (s. Abb. 12a) eine Zugkraft nach oben. Bei konvexer Krümmung (s. Abb. 12b) entsteht aus dem gleichen Grund eine Druckkraft nach unten.

Für die Steighöhe h der Flüssigkeit in Kapillaren hat man die folgende Beziehung gefunden:

$$h = \frac{2\sigma\cos\varphi}{g r \varrho}.$$

σ ist die Oberflächenspannung der Flüssigkeit, φ der Randwinkel, g die Fallbeschleunigung 9,81 $\mathrm{m \cdot s^{-2}}$, r der Radius der Kapillare und ϱ die Dichte der Flüssigkeit. Die Gleichung für h zeigt, daß unter sonst gleichen Bedingungen die Steighöhe dem Radius der Kapillare indirekt proportional ist. In sehr engen Kapillaren kann Wasser durchaus 30 cm hoch steigen. Das erklärt auch, warum man in einem Aquarium diese Randeffekte kaum bemerkt. Aus der Gleichung folgt auch, daß die Steighöhe kleiner wird, wenn die Oberflächenspannung abnimmt. Das ist der Grund dafür, daß warmes Wasser in einer Kapillare weniger hoch steigt als kaltes. Dieses erstaunliche Ergebnis wird verständlich, wenn man bedenkt, daß die Oberflächenspannung bei Erwärmung abnimmt. Die Gleichung für h zeigt auch, daß bei benetzenden Flüssigkeiten wegen $\varphi < 90°$ und damit $\cos\varphi > 0$ die Steighöhe positiv ist. Das bedeutet, daß die Flüssigkeit in der Kapillare nach oben steigt. Man macht sich leicht klar, daß bei

Nichtbenetzung die Steighöhe negativ ist, daß der Flüssigkeitsspiegel in der Kapillare also unter den des umgebenden Wassers sinkt.
Durch diese Überlegungen ist auch das Verhalten von Wasser und Quecksilber (Abb. 16) in verbundenen Kapillaren mit unterschiedlichen Durchmessern erklärbar.

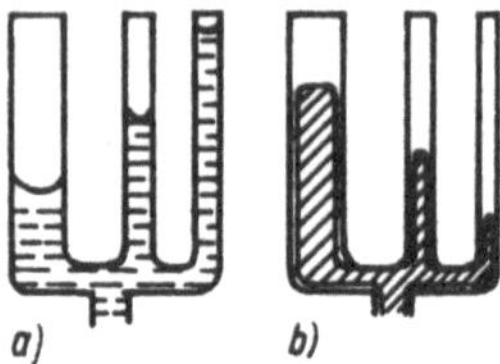

Abb. 16. Kapillaren und Benetzung

Die Kapillarwirkung von Wasser hat große praktische Bedeutung. Sie ist die Ursache dafür, daß das Wasser und die in ihm gelösten Nährstoffe aus dem Boden in die Pflanzen steigen. Das Steigen von Grundwasser im Boden beruht ebenfalls auf Kapillarwirkungen. Diese sind auch die Ursache für die Saugfähigkeit von Lösch- und Filterpapier und das Steigen von Flüssigkeiten in Dochten.
Auf Seite 19 haben wir den Begriff der Benetzung eingeführt. Da das Benetzungsverhalten einer Flüssigkeit gegenüber einem festen Körper von vielfältiger praktischer Bedeutung ist, beschäftigen wir uns jetzt etwas näher mit dem Phänomen der Benetzbarkeit. Die Abb. 13 und 14 verdeutlichen,. daß die Benetzbarkeit von dem Betrag der Molekularkräfte zwischen der Flüssigkeit und der Wand abhängt. Darüber hinaus ist sie von der Oberflächenspannung der Flüssigkeit bestimmt. Sie ist deshalb durch Zusätze, die man in die Flüssigkeit einbringt, und durch Veränderungen der Oberfläche des festen Körpers beeinflußbar. So benetzt Wasser extrem saubere Glasoberflächen fast vollständig. Das bedeutet, daß die Wassertropfen wegen $\varphi = 0°$ auseinanderfließen und sich eine fest haftende Flüssigkeitshaut bildet. Demgegenüber benetzt Wasser verschmutzte Glasscheiben nicht, so daß es in Tropfenform an der Scheibe hinunterläuft. Bei Autoscheiben und Regenbekleidung macht man die Oberfläche durch Zusätze wasserabweisend, um eine unerwünschte Benetzung zu verhindern. Aus dem gleichen Grund wird auch die Nadel des eingangs erwähnten Experiments eingefettet.
Der Randwinkel von Wasser beträgt auf Pflanzen mit wachsüberzogenen Blättern 110°, so daß keine Benetzung stattfindet

und das Wasser abperlt. Quecksilber bildet auf Glas einen Randwinkel von 140°, so daß sich Tropfen bilden, die der Kugelform nahekommen.
Ein interessantes Verfahren, bei dem man gezielt die Benetzbarkeit fester Körper verändert, wird bei der Erzaufbereitung angewandt. Es ist das Flotationsverfahren, auch Schwimmaufbereitung genannt. Dabei geht es darum, wertvolle Minerale vom tauben Gestein zu trennen. Bei diesem Verfahren benutzt man die Tatsache, daß man durch Einbringen geeigneter Chemikalien in Wasser eine Komponente des Gemenges aus Mineralen und Gestein nichtbenetzbar machen kann. Diese Komponente ist immer der Bestandteil, den man gewinnen will. Man bringt das Gemenge in Wasser, dem die erforderlichen chemischen Substanzen beigegeben sind. Wenn man Luft in das Wasser einbläst, so lagern sich die nichtbenetzbaren Körnchen an den Luftblasen an und steigen mit diesen an die Oberfläche. Dort bilden sie eine Schaumschicht, die abgestrichen werden kann. Die anderen Komponenten des Gemenges werden benetzt und sinken zu Boden, von wo sie in bestimmten Zeitabständen entfernt werden. Das Verfahren ist wiederholt anwendbar, so daß man durch Flotation aus sulfidischem Erzgestein erst den Bleiglanz, dann die Zinkblende und schließlich den Pyrit abtrennen kann.
Zu den wichtigsten Anwendungen der Erkenntnisse über Oberflächenspannung und Benetzung gehört der Waschvorgang. Waschen mit Seife und Waschmitteln ist in der Hauptsache ein physikalischer Prozeß. Durch die Moleküle des Waschmittels wird die Oberflächenspannung des Wassers herabgesetzt. Dadurch wird das Waschgut vollständig benetzt, und die Lauge kann in die kleinsten Spalten und Kapillarräume eindringen. Waschmittel enthalten waschaktive Substanzen, deren langgestreckte Moleküle aus einem hydrophoben (wasserabstoßenden) und einem hydrophilen (wasseraufsaugenden) Teil bestehen. Beim Auflösen im Wasser ordnen sich diese Moleküle so parallel zueinander, daß ihr hydrophiles Ende zum Wasser und ihr hydrophobes Ende zum Schmutzteilchen zeigt. Auf diese Weise wird das Schmutzteilchen vollständig von Waschmittelmolekülen umnetzt, wodurch es von der Unterlage gelöst wird. Die gelösten Schmutzteilchen müssen nun abtransportiert werden. Dieser Vorgang wird durch ständiges Bewegen der Waschlauge und gegebenenfalls durch Reiben unterstützt. Es sei noch der folgende Hinweis gegeben: Wäsche soll man nicht mit Seife waschen, weil es in hartem Wasser zur Bildung von unlöslicher

Kalkseife kommen kann, die die Gewebe verschmiert und schädigt.
Auch bei Färbevorgängen, bei der Anwendung von Pflanzenschutz- und Desinfektionsmitteln werden Netzmittel benutzt, um ein Eindringen dieser Mittel in die Gewebe und Stoffe zu erleichtern.
Das Benetzungsverhalten von Flüssigkeiten spielt auch bei Vorgängen eine Rolle, bei denen man es gar nicht vermutet. Ein Beispiel ist die Klebetechnik. Sie ist heute weit entwickelt. Man klebt nicht nur Kuverts und Briefmarken, sondern man verklebt im Maschinenbau Metalle, Metalle mit Plasten und Plaste miteinander. Die Klebeverbindungen müssen Belastungen standhalten, die genauso groß sind wie bei herkömmlichen Verbindungen wie Schweißen, Nieten und Löten. Damit sie das können, ist eine sehr gute Benetzung der festen Teile durch das flüssige Klebemittel zu sichern. Das geschieht auch in diesem Fall durch Beigabe entsprechender Netzmittel.
Lager von rotierenden Achsen oder Wellen müssen geschmiert werden, um den Verschleiß gering zu halten. Die Güte und die Wirksamkeit der Schmiermittel hängt entscheidend von der Benetzbarkeit der Oberflächen durch das Schmiermittel ab. Häufig verwendet man deshalb besondere schwefelhaltige Zusätze, die die Oberflächenspannung herabsetzen.
Das folgende Experiment beschreibt eine verblüffende Wirkung der Herabsetzung der Oberflächenspannung. Man füllt eine gut entfettete Glasschale mit Wasser. Auf das Wasser legt man ein aus Karton geschnittenes „Boot“ (Abb. 17). Wenn man in die Mitte ein Kampferstückchen bringt, beginnt das Boot auf dem

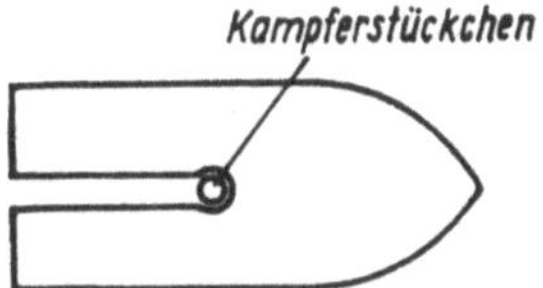

Abb. 17. Rückstoß durch Veränderung der Oberflächenspannung

Wasser zu kreisen. Die Ursache für diese erstaunliche Bewegung ist die Verringerung der Oberflächenspannung durch den Kampfer. Es entsteht eine Strömung in Richtung der größeren Oberflächenspannung (unsere elastische Haut, mit der wir die Oberflächenspannung verglichen haben, zieht sich gewissermaßen zusammen), durch die sich das „Boot“ nach dem Rückstoßprinzip bewegt.

Es sei zum Abschluß dieses Kapitels noch ein Gedankenexperiment angefügt. Eine Kugel sei zu drei Viertel mit Wasser gefüllt. Sie werde in den Zustand der Schwerelosigkeit versetzt. Was geschieht im Inneren der Kugel? Bei der Antwort müssen wir beachten, daß die Adhäsionskräfte zwischen der Kugel und der Flüssigkeit ohne den Widerstand der Schwerkraft wirken können. Das Wasser wird deshalb die gesamte innere Oberfläche der Hohlkugel gleichmäßig benetzen; in der Mitte des Hohlraums wird eine Luftblase entstehen. Wenn man dagegen die Kugel anstelle von Wasser mit Quecksilber füllt, so wird sich in der Schwerelosigkeit infolge der Nichtbenetzung in der Mitte des Hohlraums ein kugelförmiger Quecksilbertropfen bilden.

Damit wollen wir das Kapitel über die Oberfläche des Wassers abschließen. Es begann so „harmlos" mit Wasserläufer und schwimmendem Geldstück. Welche Fülle von weitreichenden Folgerungen ergab sich jedoch aus der Tatsache, daß Wasser der Vergrößerung seiner Oberfläche einen Widerstand entgegensetzt!

Vom Druck im ruhenden Wasser

Beim Friseur gibt es interessante Stühle. Die Friseuse betätigt mit dem Fuß einen kleinen Hebel, und auch der „gewichtigste" Kunde wird von ihr mühelos in die Höhe gehoben, die für den jeweiligen Arbeitsgang die günstigste ist.

In Schmiedehallen verformen gewaltige hydraulische Pressen scheinbar mit Leichtigkeit große Metallblöcke. In beiden Fällen ist es eine Flüssigkeit (es könnte Wasser sein), die diese Vorgänge ermöglicht.

Bevor wir den Sachverhalt näher untersuchen, wollen wir folgendes festlegen: Die zwischenmolekularen Kräfte in der Flüssigkeit und die Schwerkraft sollen in diesem Kapitel nicht beachtet werden.

Wir erinnern jetzt an die Definition des Druckes: Der Druck ist der Quotient aus Druckkraft und Fläche, auf die die Kraft wirkt:

$$p = \frac{F}{A}.$$

Dabei muß die Kraft **F** senkrecht zur Fläche A wirken. Der Druck hat die Einheit Pascal. Es gilt: 1 Pa = 1 N/m².
Aus der Definitionsgleichung für den Druck folgt, daß bei konstanter Kraft der Druck um so größer ist, je kleiner die Fläche ist, auf die die Kraft wirkt. Deshalb erzeugen die schmalen Kufen eines Schlittschuhläufers und die belastete Drahtschlinge aus Abb. 4 einen so hohen Druck, daß das Eis schmilzt.
Wir wollen jetzt fragen, ob in einer ruhenden Flüssigkeit der Druck an zwei verschiedenen Stellen unterschiedlich sein kann. Um diese Frage beantworten zu können, greifen wir aus dem Flüssigkeitsvolumen einen Zylinder heraus (Abb. 18), den wir uns ohne Einschränkung der Allgemeinheit in waagrechter Lage

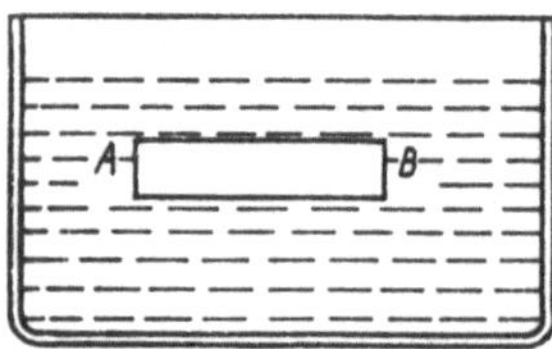

Abb. 18. Druckgleichheit in ruhenden Flüssigkeiten

denken können. Seine ebenen Begrenzungsflächen seien A und B. Wenn es zwischen A und B einen Druckunterschied gäbe, so würde sich der Zylinder in Richtung des kleineren Drucks bewegen, bis ein Druckausgleich erreicht wäre. Wir sehen, daß die Annahme eines Druckunterschiedes mit einer ruhenden Flüssigkeit unvereinbar ist. Damit können wir folgenden Satz formulieren:

Der Druck in einer ruhenden Flüssigkeit ist an allen Stellen gleich groß.

Es sei daran erinnert, daß dieser Satz nur dann gilt, wenn man die Schwerkraft nicht beachtet.
Nun können wir die am Beginn dieses Kapitels angeführten Beispiele erläutern. Aus Abb. 19 ist ersichtlich, daß eine Kraft $\mathbf{F}_1$ senkrecht auf eine Fläche A_1 wirkt. Es wird dadurch ein Druck $p_1 = F_1/A_1$ erzeugt. Nach unserem Satz wirkt p_1 auch an der Stelle A_2. Jetzt aber gilt $p_1 = F_2/A_2$. Daraus folgt:

$$\frac{F_1}{A_1} = \frac{F_2}{A_2} \quad \text{oder} \quad \frac{F_1}{F_2} = \frac{A_1}{A_2}.$$

Das bedeutet aber, daß die Beträge der Kräfte den Flächen direkt proportional sind. Eine Vergrößerung der Fläche hat also eine entsprechende Vergrößerung der Kraft zur Folge. Wenn man also mit der kleinen Kraft $\mathbf{F}_1$ auf die kleine Fläche A_1 drückt, so entsteht wegen der gleichmäßigen Druckfortpflanzung in der Flüssigkeit an der großen Fläche A_2 eine große Kraft $\mathbf{F}_2$. So kann man also seine Kräfte vervielfachen. Deshalb kann die Friseuse den „gewichtigen" Kunden mühelos emporheben, und deshalb kann man mit hydraulischen Pressen so große Kräfte erzeugen, daß Metallblöcke verformt werden können. Als vermittelnde Druckflüssigkeit kann man Öl oder Wasser benutzen. Hier begegnet uns also Wasser als Mittel zur Erzeugung großer Kräfte.

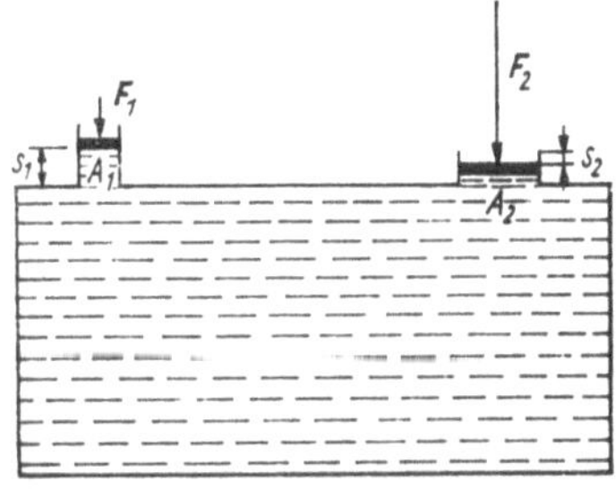

Abb. 19. Prinzip der hydraulichen Presse

An dieser Stelle erhebt sich vielleicht die Frage, ob solche kraftvergrößernden Maschinen nicht doch ein Perpetuum mobile darstellen, eine Maschine also, die mehr Arbeit liefert, als ihr zugeführt wird. Solche Perpetua mobilia kann es ja aber nach dem Energieerhaltungssatz nicht geben!

Um uns von dieser Sorge zu befreien, erinnern wir uns daran, daß zur mechanischen Arbeit außer der Kraft auch noch der Weg gehört, den diese Kraft zurücklegen muß. Für den auf unser Problem zutreffenden Fall, daß die Kraft in Richtung des Weges wirkt, ist die mechanische Arbeit einfach das Produkt aus Kraft und Weg. Aus Abb. 19 folgt sofort, daß die bewegten Flüssigkeitsvolumina auf der linken und auf der rechten Seite übereinstimmen müssen. Das bedeutet aber, daß sich die Wege, die die Kräfte $\mathbf{F}_1$ und $\mathbf{F}_2$ zurücklegen müssen, umgekehrt verhalten wie die Beträge der Kräfte. (Diese Beträge sind ja den Flächen direkt proportional.) Es gilt also $s_1 : s_2 = A_2 : A_1$. Daraus folgt $s_1 : s_2 = F_2 : F_1$. Aus der letzten Proportion folgt die Gleichung $F_1 s_1 = F_2 s_2$. Diese Gleichung sagt aber aus, daß die zugeführte Arbeit $F_1 s_1$ gleich der abgegebenen Arbeit $F_2 s_2$ ist, wenn keine Verluste auftreten. Diese Maschinen entsprechen also voll

und ganz dem Energieerhaltungssatz. Mit der kleineren Kraft muß der größere Weg zurückgelegt werden. Das kann man sehr gut an unserem Beispiel des Friseurstuhls beobachten. Die Friseuse muß den Fußhebel mehrfach betätigen, damit der Kunde einige Zentimeter gehoben wird.
Wir haben eine neue, für die Praxis sehr wichtige Seite des Wassers kennengelernt. Das Wasser hilft, schwere Arbeiten zu erleichtern oder sie überhaupt erst zu ermöglichen. Diese Wirkung beruht auf der Inkompressibilität des Wassers und der Verschiebbarkeit seiner Teilchen. Über diese Eigenschaften haben wir weiter oben schon gesprochen.
In diesem Kapitel haben wir die Schwerkraft nicht beachtet. Weitere Erkenntnisse werden wir gewinnen, wenn wir im nächsten Kapitel das Wasser im Schwerefeld der Erde untersuchen.

Vom Auftrieb des Wassers

Immer wieder erregen die gewaltigen Frachtschiffe Bewunderung, wenn sie in einem Hafen liegen und beladen werden. Scheinbar unübersehbare Mengen von Gütern, von Kisten und Fässern, von Säcken und Stapeln verschwinden im Inneren des Schiffes. Das Laden umfaßt einen Zeitraum von vielen Stunden. Aber einmal ist es doch beendet, und es kommt die Zeit des Auslaufens. Von Schleppern bugsiert, bewegt sich der Frachter dem offenen Meere zu. Und das Wasser trägt diese enorme Last, deren Betrag am besten in Meganewton, also in Millionen Newton angegeben wird. Dem stählernen Riesen nachblickend, werfen wir einen kleinen Stein ins Wasser. Und siehe da, er versinkt. Das Wasser, das den Riesen trägt, kann den Zwerg nicht tragen.
Um den Dingen auf den Grund zu kommen, müssen wir uns zuerst mit dem Schwerefeld oder dem Gravitationsfeld der Erde beschäftigen. Es ist uns zur Selbstverständlichkeit geworden, daß sich alle Dinge, die wir fallenlassen, nach unten bewegen. Sie streben gewissermaßen der Erde zu. Die Ursache für diese Erscheinung ist, daß die Erde von einem Gravitationsfeld umgeben ist (Abb. 20). In diesem Feld gibt es nur Anziehungskräfte. Sie sind um so größer, je kleiner der Abstand zum Mittelpunkt der Erde ist. Die Stärke des Gravitationsfeldes ist bei konstan-

tem Abstand der Masse des Körpers, der das Feld erzeugt, direkt proportional. Körper von kleiner Masse haben deshalb sehr schwache Gravitationsfelder. Zwei Taschen, die nebeneinander auf dem Tisch liegen, werden sich deshalb niemals infolge der gegenseitigen Massenanziehung aufeinander zubewegen. Das liegt daran, daß die Reibung, die dieser Annäherung entgegenwirkt, viel größer ist als die Massenanziehung. Ein Zahlenbeispiel soll das verdeutlichen. Zwei Körper, von denen jeder eine Masse von 1 kg hat und deren Abstand 1 m beträgt, ziehen sich infolge der Gravitation mit der unvorstellbar kleinen Kraft $F = 6{,}67 \cdot 10^{-11}$ N an.

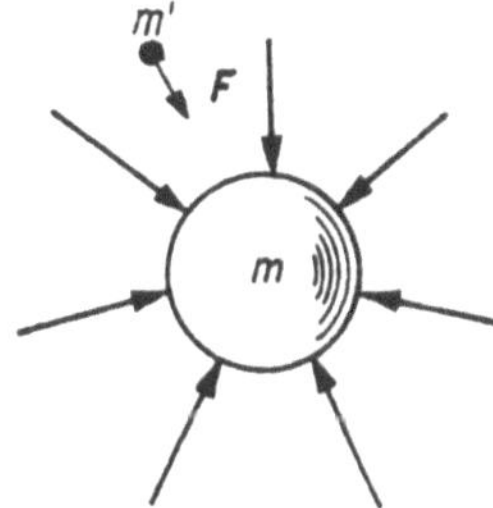

Abb. 20. Gravitationsfeld der Erde

Je größer die Masse eines Körpers ist, desto größer ist unter sonst gleichen Bedingungen die Feldstärke des Gravitationsfeldes, das ihn umgibt. So reicht die Masse der Erde von $5{,}979 \times 10^{24}$ kg aus, einen Körper von 1 kg Masse, der sich an ihrer Oberfläche befindet, mit einer Kraft von 9,81 N anzuziehen. Diese Kraft nennt man Gewichtskraft oder kurz Gewicht. Bei Zunahme der beteiligten Massen kann die Gravitationskraft sehr groß werden. So beträgt die gegenseitige Anziehungskraft zwischen Erde und Mond $1{,}97 \cdot 10^{20}$ N. Die Gravitationskraft ist es, die unser Sonnensystem zusammenhält. Diese Erkenntnis verdanken wir dem genialen Newton.

Nach diesen notwendigen Vorbemerkungen über die Massenanziehungskraft wollen wir uns wieder dem Wasser zuwenden. Wir müssen dabei bedenken, daß sich alles irdische Wasser im Schwerefeld der Erde befindet. Dadurch wird gewährleistet, daß das Wasser innerhalb seines Kreislaufs in Form von Niederschlägen immer wieder zur Erde zurückkehrt.

Wir wollen jetzt untersuchen, welche Wirkung die Gravitationskraft auf eine ruhende Flüssigkeit hat. Dazu betrachten wir Wasser, das sich in einem Gefäß von der Form eines Aquariums befindet (Abb. 21). Wir haben eine dünne Schicht des

Wassers herausgegriffen; ihr Flächeninhalt sei A. Auf diese Schicht wirkt wegen der Schwerkraft das Gewicht der Wassersäule, die sich über ihr befindet und die in Abb. 21 schraffiert wurde. Zur Berechnung des Gewichts $\mathbf{G}$ dieser Wassersäule soll Newtons Grundgesetz der Dynamik benutzt werden. Die Gleichung für dieses fundamentale Gesetz lautet bekanntlich $\mathbf{F} = m\mathbf{a}$. Sie sagt aus, daß der Betrag der Kraft $\mathbf{F}$, die einem Körper die Beschleunigung $\mathbf{a}$ verleiht, gleich dem Produkt aus der Masse des Körpers und der durch die Kraft verursachten Beschleunigung ist. Da wir uns bei unserem Problem im Schwerefeld der Erde an der Oberfläche der Erde befinden, hat die Schwerebeschleunigung den Wert $g = 9{,}81\ \mathrm{m \cdot s^{-2}}$. Für das Gewicht nimmt das Grundgesetz also die spezielle Form $\mathbf{G} = m\mathbf{g}$ an. Die Wirkung der Kraft $\mathbf{G}$ auf die Fläche A ist ein Druck p auf diese Fläche. Dieser Druck heißt Schweredruck, da er von der Schwerkraft der Erde verursacht wird. Wir haben weiter oben schon erläutert, daß allgemein $p = F : A$ gilt. In unserem Fall erhalten wir die Beziehung $p = \mathbf{G} : A$. Wegen $\mathbf{G} = m\mathbf{g}$ entsteht daraus die Beziehung $p = mg/A$. Es ist vorteilhaft, die Dichte ϱ der Flüssigkeit in die Rechnung einzuführen. Wegen $m = \varrho V = \varrho Ah$ (s. Abb. 21), und weil man mit A kürzen kann, erhält man schließlich die folgende Beziehung für den Schweredruck:

$$p = \varrho gh.$$

Da man ϱ und g als konstant annehmen darf, folgt aus der letzten Gleichung, daß der Schweredruck der Höhe der Wassersäule über A direkt proportional ist. Der Schweredruck in einer Flüssigkeit nimmt also mit der Tiefe linear zu.

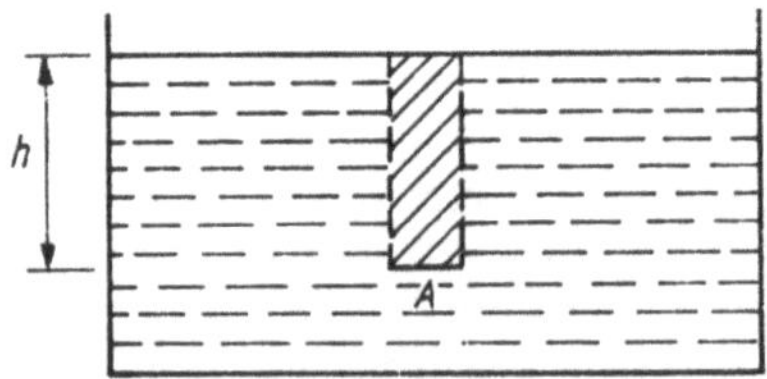

Abb. 21. Zum Schweredruck im Wasser

Wir haben im vorigen Kapitel gesehen, daß wegen der Verschiebbarkeit der Flüssigkeitsteilchen auf die Schicht A in alle Richtungen der gleiche Druck wirken muß, da wir anderenfalls nicht von einer ruhenden Flüssigkeit sprechen könnten. Es gibt deshalb außer dem nach unten wirkenden Bodendruck noch den entgegengesetzt wirkenden Aufdruck und nach den Seiten einen Seitendruck. Da das Flüssigkeitsteilchen A in Ruhe bleibt, gilt der folgende Satz:

Boden-, Auf- und Seitendruck sind an der gleichen Stelle einer Flüssigkeit gleich groß. Für sie gilt die Beziehung $p = \varrho g h$.

Die letzte Gleichung gilt unabhängig davon, welche Form das Gefäß hat. Das folgende Experiment, dessen Ergebnis oft als hydrostatisches Paradoxon bezeichnet wird, macht das in bezug auf den Bodendruck deutlich (Abb. 22). Die Bodenöffnung der drei verschieden geformten Gefäße hat den gleichen Flächen-

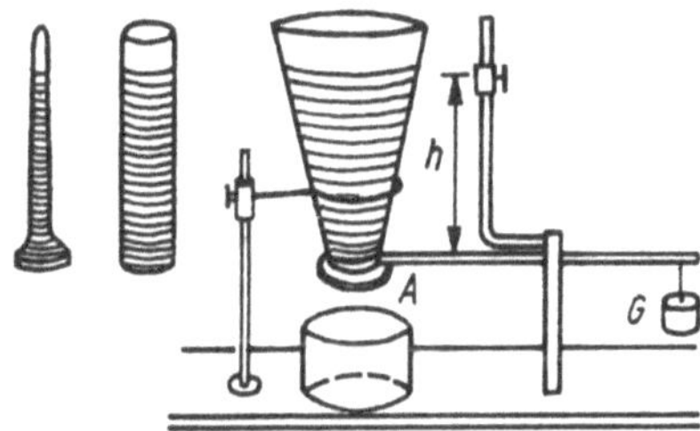

Abb. 22. Hydrostatisches Paradoxon

inhalt *A*. Der Verschlußdeckel öffnet sich beim Einfüllen von Wasser immer bei der gleichen Wasserhöhe *h*. Das zeigt, daß die Bodendruckkraft **F** für alle drei Gefäße bei gleicher Wasserhöhe gleich ist, obwohl, durch die Form der Gefäße bedingt, die beteiligten Wassermengen sehr unterschiedlich sind. Weil *A* und **F** konstant sind, ist auch der Bodendruck für alle Gefäßformen der gleiche, wenn nur die Flüssigkeitshöhe die gleiche ist. Als paradox wird das Ergebnis des Experiments vor allem deshalb empfunden, weil sehr unterschiedliche Wassermengen die gleiche Wirkung hervorrufen: das Öffnen des Verschlußdeckels und das Auslaufen des Wassers.

Auf der Basis dieser Erkenntnisse wird auch die Tatsache verständlich, daß Wasser in kommunizierenden Röhren überall gleich hoch steht (Abb. 23). Wenn das nämlich nicht der Fall wäre, so würde es wegen der Druckunterschiede so lange zu

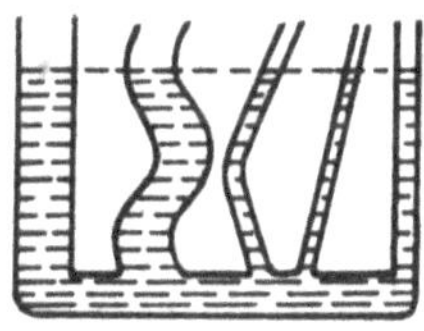

Abb. 23. Verbundene Gefäße

einer Bewegung des Wassers kommen, bis ein Ausgleich der Höhen vollzogen wäre. Dieses einfache Prinzip der verbundenen Gefäße hat große Bedeutung für die Versorgung der Gebäude einer Ortschaft mit Wasser. Man pumpt nämlich das Wasser in unterirdische Erdhochbehälter (im Gebirge) oder in Wassertürme (in ebenen Gegenden), die mit den Gebäuden durch Rohrleitungen verbunden sind. Nach dem Prinzip der kommunizierenden Röhren können die Verbraucher in allen Etagen Wasser entnehmen. Ein Höhenunterschied von 15 bis 40 m genügt, um den Versorgungsdruck in den Wasserleitungen unabhängig von allen Bedarfsschwankungen konstant zu halten. Hochhäuser haben i. allg. eigene Druckerhöhungsanlagen.
Nun wollen wir uns der Beantwortung der Frage zuwenden, warum das Wasser das schwer beladene Frachtschiff trägt, den kleinen Stein aber nicht. So paradox es klingen mag, verantwortlich dafür ist die Schwerkraft! Denn sie ist die Ursache dafür, daß der Quader aus Abb. 24 im Wasser eine Kraft nach oben erfährt, die Auftrieb genannt wird und die wir mit $\mathbf{F}_A$ bezeich-

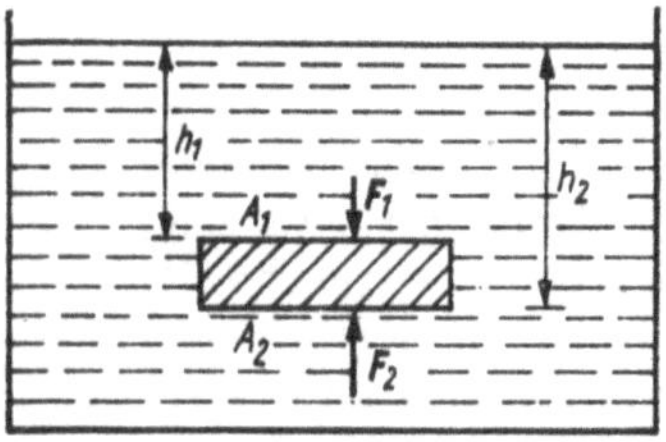

Abb. 24. Kraftwirkungen auf eingetauchten Körper

nen wollen. Diese Auftriebskraft entsteht dadurch, daß wegen $h_2 > h_1$ (s. Abb. 24) auf die Bodenfläche des Quaders ein Aufdruck wirkt, der größer ist als der Druck, der auf die Deckfläche des Quaders nach unten wirkt. (Die Seitendrücke können vernachlässigt werden, da sie sich gegenseitig aufheben.) Die Differenz der Drücke beträgt $\Delta p = p_2 - p_1 = \varrho_{fl} g (h_2 - h_1)$. Aus dieser Druckdifferenz resultiert die nach oben gerichtete Auftriebskraft $\mathbf{F}_A$, deren Betrag mit der Gleichung $F_A = \varrho_{fl} \times A(h_2 - h_1) g$ berechnet werden kann. (Dabei ist $A_1 = A_2 = A$ gesetzt worden.) Der Term $A(h_2 - h_1)$ kann als Volumen der vom Quader verdrängten Flüssigkeit aufgefaßt werden. Dann ist aber $\varrho_{fl} A(h_2 - h_1) = \varrho_{fl} V_{fl} = m_{fl}$ die Masse der verdrängten Flüssigkeit. Für $\mathbf{F}_A$ ergibt sich schließlich die folgende Beziehung: $F_A = m_{fl} g = G_{fl}$, wobei G_{fl} das Gewicht der von dem Quader verdrängten Flüssigkeit ist. Damit haben wir das wichtigste Gesetz der Hydrostatik hergeleitet: das Archimedische Prinzip. Man kann es so formulieren:

> Jeder Körper, der in eine Flüssigkeit eintaucht, erhält einen Auftrieb, dessen Betrag gleich dem Gewicht der vom Körper verdrängten Flüssigkeitsmenge ist.

Archimedes von Syrakus (etwa 287 bis 212 v. u. Z.), der große Mathematiker und Physiker der Antike, veröffentlichte dieses Prinzip in seiner Schrift: „Von den im Wasser eingetauchten und in ihm schwimmenden Körpern“. Eine Legende berichtet, daß Archimedes dieses bedeutende Prinzip im Bad erkannt haben soll, als er über die Lösung einer ihm vom König Hieron II. übertragenen Aufgabe nachgrübelte. Er sollte nämlich feststellen, ob die Krone des Königs völlig aus Gold sei, selbstverständlich ohne das wertvolle Stück zu beschädigen. Wir können nicht mehr nachprüfen, ob er wirklich vor Begeisterung über seine Entdeckung mit dem Ausruf „Heureka!“ („ich hab's!“) nackt nach Hause gelaufen ist, wie es die Legende überliefert. Vorstellbar ist es bei der Größe der Entdeckung durchaus. Wir wollen statt dessen erläutern, wie man mit dem Archimedischen Prinzip die Echtheit einer goldenen Krone überprüfen kann. Es geht ja dabei darum, die Frage zu beantworten, ob in der Krone minderwertige Stoffe enthalten sind oder nicht. Solche Stoffe haben aber eine geringere Dichte als Gold und damit bei gleicher Masse ein größeres Volumen. Infolgedessen verdrängen sie beim Eintauchen in Wasser mehr Flüssigkeit und bekommen einen größeren Auftrieb als ein Goldbarren gleicher Masse. Deshalb wird die Balkenwaage aus Abb. 25 nur dann sowohl innerhalb als auch außerhalb des Wassers im Gleichgewicht sein, wenn die Krone echt ist. Anderenfalls wird sie sich im Wasser zur Seite des puren Goldes neigen. Wasser als Detektiv!

Abb. 25. König Hierons Krone

Mit dem Archimedischen Prinzip ist die eingangs gestellte Frage nach Schiff und Stein beantwortbar. Wenn ein Körper ganz in eine Flüssigkeit eintaucht, so bekommt er einen Auftrieb, der gleich dem Gewicht der von ihm verdrängten Flüssigkeitsmenge ist. Gleichzeitig wirkt auf den Körper sein Gewicht G_K (Abb. 26). Über das weitere Schicksal des eingetauchten Körpers entscheidet die Relation zwischen Auftrieb und Gewicht. Wenn der Auftrieb kleiner ist als das Gewicht, so sinkt der Körper. Für den Fall, daß Auftrieb und Gewicht gleich sind, schwebt der Körper in der Flüssigkeit, ohne zu steigen oder zu sinken. Im dritten

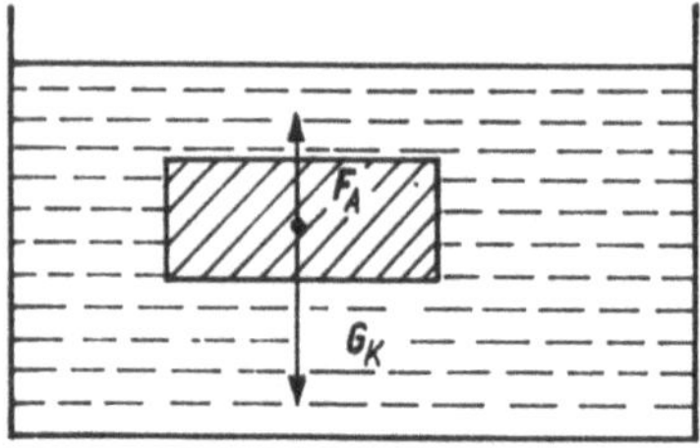

Abb. 26. Auftrieb und Gewicht

Fall, in dem der Auftrieb größer ist als das Gewicht, steigt der Körper an die Oberfläche und taucht auf. Infolge des Auftauchens verdrängt er weniger Wasser als vorher, sein Auftrieb wird also kleiner. Dieser Prozeß setzt sich so lange fort, bis der Auftrieb gleich dem Gewicht geworden ist und sich dadurch eine neue Gleichgewichtslage gebildet hat. Der Körper schwimmt. In diesem Zustand muß das Gewicht des Körpers gleich dem Gewicht der von ihm verdrängten Flüssigkeitsmenge sein: $G_K = G_{fl}$. Diese Gleichung muß beim betrachteten Frachtschiff ständig erfüllt sein. Wenn es beladen wird, taucht es tiefer in das Wasser ein. Infolgedessen steigt das Gewicht der verdrängten Wassermenge genauso wie das Gewicht des Schiffes. Um ein Überladen zu verhindern, sind außenbords sog. Freibordmarken angebracht, die angeben, bis zu welcher Linie in Abhängigkeit von der vorgesehenen Route und der Jahreszeit beladen werden darf.

Und wie ist es mit dem Stein? Warum sinkt er, obwohl er im Verhältnis zum Schiff ein Leichtgewicht ist? Er sinkt, weil er zu klein ist. Wäre er bei gleichem Gewicht größer, könnte er vielleicht schwimmen, allerdings wäre er dann kein Stein mehr. Für die Beantwortung der Frage, ob ein Körper schwimmen kann oder nicht, ist nicht sein Gewicht, sondern seine Dichte entscheidend. Aus der Gleichung $G_K = G_{fl}$ folgt die Beziehung $\varrho_K V_K g = \varrho_{fl} V_{fl} g$ und daraus wiederum die Proportion $V_{fl} : V_K = \varrho_K : \varrho_{fl}$. In dieser Proportion sind ϱ_K und V_K die Größen für den betrachteten Körper, ϱ_{fl} und V_{fl} die entsprechenden Größen für die verdrängte Flüssigkeit. Die Dichte der Flüssigkeit und das Volumen des Körpers sind in den meisten Fällen konstant. Da bei einem schwimmenden Körper das Volumen der verdrängten Flüssigkeit, das ja gleich dem eingetauchten Volumenanteil des Körpers ist, kleiner sein muß als das Gesamtvolumen V_K des Körpers, folgt aus der Proportion, daß ein Körper nur so lange schwimmt, wie seine Dichte kleiner ist als die der Flüssigkeit. Unser Stein sinkt deshalb, weil er eine größere Dichte als Wasser hat. Und das Schiff? Es hat wegen der zahlreichen Hohlräume, in denen sich Luft befindet, eine Gesamtdichte, die kleiner als die des Wassers ist. Deshalb schwimmt es. Beim Beladen steigt die Dichte des Schiffes. Deshalb muß auch das eingetauchte Volumen zunehmen.

Damit haben wir das Wasser in einer neuen Funktion kennengelernt: Wasser als Träger schwerster Lasten; Wasser als entscheidende Grundlage der Schiffahrt, die die wichtigste Basis für den Güteraustausch zwischen Ländern und Kontinenten darstellt.

Die Proportion zeigt auch, daß bei konstantem Verhältnis der Dichten von Körper und Flüssigkeit auch das Verhältnis von eingetauchtem Volumen zum Gesamtvolumen konstant sein muß, da beide Verhältnisse gleich sind. Weil die Dichte von Eis der Dichte von Wasser nahekommt, wie wir weiter oben sahen, taucht ein Eisberg zu sieben Achteln in das Wasser ein, woraus große Gefahren für die Schiffahrt entstehen.

Die mehrfach erwähnte Proportion $V_{fl} : V_K = \varrho_K : \varrho_{fl}$ zeigt auch, daß ein und derselbe Körper in Flüssigkeiten um so weniger einsinkt, je größer deren Dichte ist. Das nutzt man bei Aräometern aus. Diese zylindrischen, unten beschwerten Glaskörper bringt man in die Flüssigkeit, deren Dichte bestimmt werden soll. An einer Skale kann man die Dichte der Flüssigkeit direkt ablesen. Das hat praktische Bedeutung für die Bestimmung des Fettgehaltes von Milch, des Alkoholgehaltes von Flüssigkeiten, der Konzentration von Säuren u. ä.

Wie ist es beim Menschen mit dem Schwimmen? Die Tatsache, daß wir uns beim „toten Mann“ auf das Wasser legen können, ohne unterzugehen, zeigt, daß die Dichte eines Menschen mit luftgefüllten Lungen kleiner ist als die Dichte des Wassers. Schwimmen zu lernen bedeutet weniger zu lernen, wie man sich über Wasser hält, als vielmehr zu lernen, wie man im Wasser stabile Lagen erreicht, wie man atmen muß und wie man sich im Wasser fortbewegt.

Der Schweredruck des Wassers muß bei allen Tauchversuchen beachtet werden. Der Taucher muß sich durch Spezialanzüge oder Kabinen vor dem Wasserdruck schützen, der ja proportional mit der Tiefe zunimmt. Besonders gefährlich ist ein zu rascher Druckabfall beim Wiederauftauchen des Tauchers. Dadurch können schmerzhafte Gasstauungen in den Gelenken entstehen, weil durch den Druckabfall aus dem Blut verstärkt Gase entweichen. Deshalb müssen beim Auftauchen aus Tiefen über 15 m Dekompressionspausen eingelegt werden. Zum Beispiel muß beim Auftauchen aus 30 m Tiefe eine Dekompressionszeit von 48 min eingehalten werden, wenn der Aufenthalt unter Wasser einschließlich des Abstiegs 75 min gedauert hat. Diese Dekompressionszeit verteilt sich auf 27 min in 6 m Tiefe und 21 min in 3 m Tiefe.

Auftrieb gibt es nicht nur im Wasser und in anderen Flüssigkeiten. Das Archimedische Prinzip gilt auch in Gasen. Alle Körper, die von einem Gas umgeben sind, erfahren einen Auftrieb, der gleich dem Gewicht der verdrängten Gasmenge ist. Bei Luft sind das unter Normalbedingungen für 1 m^3 Volumen 12,7 N. Wir werden also durch die uns umgebende Luft leichter. Die Wirkung des Auftriebs in Luft wird sehr deutlich bei Ballonaufstiegen. Diese Ballons sind mit einem Gas gefüllt, dessen Dichte kleiner als die Dichte der Luft unter Normalbedingungen ist. Dazu genügt schon erwärmte Luft. Der erste Ballon der Gebrüder Montgolfier, der im Juni 1783 mit einem Lamm, einer Ente und einem Hahn aufstieg, war ein Heißluftballon.

Wir wollen uns jetzt die Frage vorlegen, ob es möglich ist, daß ein Körper ganz in eine Flüssigkeit eintaucht, ohne daß Auftrieb wirksam wird. Das ist in zwei Fällen möglich. Erstens kann der Körper so auf den Boden des Gefäßes gepreßt werden, daß keine Flüssigkeit an seine Unterseite gelangen kann. Zweitens gibt es prinzipiell keinen Auftrieb, wenn sich Flüssigkeit und Körper im Zustand der Schwerelosigkeit befinden. Ohne Gewicht gibt es keinen Schweredruck und ohne Schweredruck keinen Auftrieb.

In Systemen, in denen die Körper schwerelos sind, gibt es kaum Transportprobleme. Das beweisen Fernsehübertragungen aus Raumschiffen, die sich auf einer Erdumlaufbahn befinden.

In diesem Kapitel begegnete uns das Wasser als Transportarbeiter, der in der Lage ist, die größten Schiffe zu tragen. Wir lernten das Wasser auch als Detektiv kennen, der dabei hilft, die Echtheit wertvoller Kleinodien zu untersuchen. Als wirklicher Detektiv ändert das Wasser oft Form und Gestalt. Mit Verwandlungen des Wassers beschäftigt sich folgendes Kapitel.

Von den Verwandlungen des Wassers

Die Vielfalt des Wassers wurde schon im ersten Kapitel beschrieben. Allerdings wurde dort nur die flüssige Phase des Wassers betrachtet. Weit vielfältiger werden die Erscheinungsformen des Wassers, wenn man auch seine beiden anderen Aggregatzustände in die Untersuchungen einbezieht: das Eis und den Wasserdampf. Die feste Phase des Wassers trägt wesentlich zum Gesamtbild unseres Planeten bei. Der beeindruckende Anblick von Gletschern und Eisbergen, die majestätische Weite unberührter Schneeflächen unterstreichen das ebenso wie die Wunderwelt frisch bereifter Bäume und Sträucher.
Ins Auge fallende Beispiele für die gasförmige Phase des Wassers können deshalb nicht angeführt werden, weil Wasserdampf unsichtbar ist. Wir können also nicht sehen, daß 1,2% der Luft aus Wasserdampf besteht. Nun könnte man fragen, wie das denn mit den Wolken, dem Nebel, der Dampflokomotive und dem Pfeifkessel ist. Dort sieht man doch etwas! Das ist zweifellos richtig. Aber was man dort sieht, das ist flüssiges Wasser! Das sind Milliarden kleinster Wassertropfen, jedoch kein Wasserdampf.
Es sollen jetzt die Erscheinungen beschrieben werden, die bei der Änderung der Aggregatzustände des Wassers feststellbar sind. Dabei benutzen wir das ϑ-W-Diagramm der Abb. 27. In

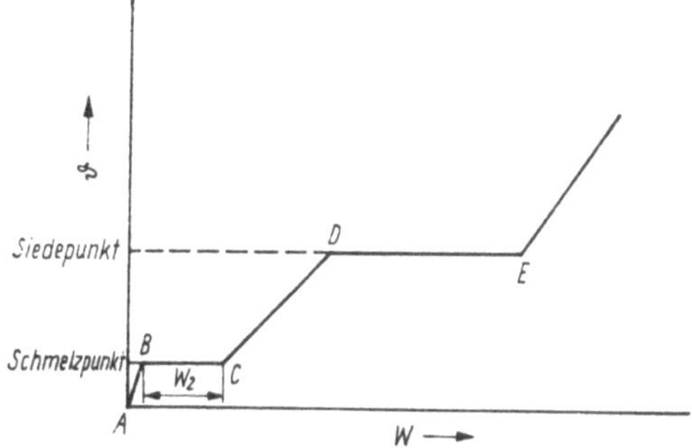

Abb. 27. ϑ-W-Diagramm für Wasser

ihm wird also die Veränderung der Temperatur ϑ in Abhängigkeit von der zugeführten Wärmemenge W dargestellt. Am Anfang (Punkt A) haben wir Eis. Infolge der Zufuhr einer Wärmemenge W_1 erhöht sich die Temperatur des Eises bis auf 0° C

(Abschnitt *AB*). Im Abschnitt *BC* des Diagramms bleibt die Temperatur konstant bei 0 °C, obwohl die Wärmemenge W_2 zugeführt wird. Das ist der Abschnitt eines Phasenübergangs. Es beginnt das Schmelzen im Punkt *B*, auf der Strecke *BC* bestehen die feste und die flüssige Phase des Wassers gleichzeitig, und im Punkt *C* ist der Schmelzvorgang beendet. Zum Schmelzen von 1 kg Eis benötigt man 334 kJ (Kilojoule). Das ist eine im Vergleich zu anderen Stoffen hohe Wärmemenge. So beträgt beispielsweise die spezifische Schmelzwärme bei Quecksilber 11,7, bei Blei 24,3 und bei Stahl 210 kJ/kg. Die hohe spezifische Schmelzwärme ist eine weitere Besonderheit des Wassers. Wozu wird die Schmelzwärme benötigt? Sie dient dazu, die Gitterbindungskräfte im Kristallgitter des festen Körpers zu überwinden und damit den Übergang in die flüssige Phase zu ermöglichen.
Zwischen den Punkten *C* und *D* des Diagramms wird das – jetzt flüssige – Wasser bis 100 °C erwärmt. Dazu wird je kg eine Wärmemenge von $W_3 = 418$ kJ benötigt, da die spezifische Wärmekapazität des Wassers 4,18 kJ · kg^{-1} · K^{-1} beträgt. Diese Zahl ist deutlich größer als die entsprechenden Zahlen anderer Flüssigkeiten und fester Stoffe. Der Abschnitt *DE* des Diagramms entspricht in vielem dem Abschnitt *BC*. Auch hier bleibt die Temperatur trotz Wärmezufuhr konstant; auch hier findet ein Phasenübergang statt. Das Wasser siedet, es wird gasförmig. Während des Siedens nimmt 1 kg Wasser die beachtliche Wärmemenge von 2256 kJ auf. Auch das ist eine große Zahl. Zum Beispiel benötigt man zum Verdampfen von 1 kg Quecksilber nur 293 kJ.
Wenn man im Diagramm den Weg des Wassers vom Punkt *A* bis zum Punkt *E* verfolgt, so sieht man, daß dem Wasser eine große Wärmemenge zugeführt werden mußte, damit es aus dem festen in den gasförmigen Zustand übergehen kann. Diese hohe Energie ist im Wasserdampf gespeichert. Sie wird bei der Umkehrung der Prozesse frei und an die Umgebung abgegeben. Der hohe Energieinhalt ist der Grund dafür, daß man Wasserdampf und Heißwasser als Energieträger in Heizungsanlagen oder in Kraftmaschinen benutzt. Wir haben das Wasser als Energiespeicher kennengelernt, den man durch Erwärmen bequem füllen und durch Abkühlen bequem entleeren kann.
Die Abschnitte *BC* und *DE* des Diagramms (s. Abb. 27) zeigen, daß eine Wärmezufuhr nicht immer eine Erhöhung der Temperatur zur Folge haben muß, sondern daß die zugeführte Energie zur Veränderung vorhandener Teilchenstrukturen benutzt werden kann.

Außer dem normalen Weg vom festen zum flüssigen und schließlich zum gasförmigen Aggregatzustand gibt es auch den direkten Übergang vom festen in den gasförmigen Zustand und umgekehrt. Dabei wird in beiden Richtungen die flüssige Phase ausgespart. In beiden Fällen spricht man vom Sublimieren. Wasser gehört zu den Stoffen, bei denen Sublimationserscheinungen möglich sind. So können Eis und Schnee bei starker Sonneneinstrahlung sublimieren, d. h. direkt in den gasförmigen Aggregatzustand übergehen. Sie sind „verschwunden", ohne zu schmelzen. Der Volksmund spricht dann treffend davon, daß „die Sonne den Schnee weggeleckt" habe. Diese Sublimation führt zu einer begrüßenswerten Reduzierung der Menge des Schmelzwassers.
Sublimation in umgekehrter Richtung, also vom gasförmigen direkt in den festen Aggregatzustand, führt zur Bildung von Rauhreif aus dem Wasserdampf der Luft. Da dieser Vorgang bei absinkenden Temperaturen i. allg. nachts stattfindet, sind wir an so manchem Morgen überrascht von der bizarren Pracht reifüberzogener Äste und Zweige. Sublimationserscheinungen sind auch die Ursache für die Bildung von Schnee- und Hagelwolken.
Der Übergang des Wassers von seiner flüssigen Phase in den gasförmigen Aggregatzustand hat eine Besonderheit, die wir wegen ihrer weitreichenden Folgen nun erläutern wollen. Wenn man ein Glas mit etwas Wasser einige Zeit in einem Zimmer stehenläßt, so hat die Wassermenge abgenommen oder ist völlig verschwunden, obwohl wir dafür gesorgt haben, daß niemand das Wasser wegnehmen konnte. Das Wasser ist gasförmig geworden, obwohl die Temperatur im Zimmer weit unter dem Siedepunkt des Wassers lag, der bei normalem Luftdruck bei 100 °C liegt. Das Verdampfen unterhalb des Siedepunktes nennt man Verdunsten. Der Prozeß des Verdunstens beruht darauf, daß Flüssigkeitsteilchen der Oberfläche, deren kinetische Energie überdurchschnittlich hoch ist, die Flüssigkeit verlassen und in den über der Flüssigkeit liegenden Gasraum eindringen können, und das schon bei Temperaturen, die unterhalb des Siedepunktes liegen. Im Gegensatz dazu geht beim Sieden die gesamte Flüssigkeit in den gasförmigen Zustand über. Das erkennt man daran, daß beim siedenden Wasser Gasblasen aus dem Inneren an die Oberfläche steigen. Dieser Prozeß setzt jedoch das Erreichen der Siedetemperatur voraus.
Die Verdunstung des Wassers wird durch relativ hohe Temperaturen, eine große Oberfläche und geringen Feuchtigkeitsgehalt der Luft beschleunigt. Deshalb freut sich jede Hausfrau, wenn

beim Wäschetrocknen die Sonne scheint und etwas Wind weht. Denn durch die Sonneneinstrahlung steigen die Temperaturen, und durch den Wind wird ständig relativ trockene Luft herangeführt.
Verdunstung führt immer zur Abkühlung der Umgebung, da ihr die benötigte Verdampfungswärme entzogen wird. Deshalb ist es im Sommer an Gewässern so angenehm kühl, und deshalb erfrischt das Baden so sehr. Die kühlende Wirkung feuchter Tücher und poröser Gefäße ist den Menschen seit langem bekannt. Auch sie beruht auf der Verdunstung von Wasser. – Wasser als Spender erfrischender Kühle!
Die Verdunstung ist von entscheidender Bedeutung für den Kreislauf des Wassers, jene ständige Bewegung des Wassers in seinen verschiedenen Formen vom Meer zum Land und wieder zurück zum Meer. Das Wasser muß an der Oberfläche des Meeres verdunsten, damit es in die Atmosphäre aufsteigen und mit den Luftmassen zum Land zurückkehren kann. Ohne Verdunstung würde der globale Kreislauf des Wassers unterbrochen. Das hätte aber ein Ausbleiben aller Niederschläge, ein Versiegen aller Flüsse, Quellen und Brunnen zur Folge. Der Wasserkreislauf ist also für das Leben auf unserem Planeten unentbehrlich. Wasser als Lebensspender! – An diesem Kreislauf beteiligen sich jährlich schätzungsweise 445000 km^3 (Kubikkilometer!) Wasser. Diese Menge ist so groß, daß das Wasser im ständigen Wechsel von Verdunstung und Niederschlag im Verlauf eines Jahres etwa 30- bis 40mal den Kreis durchläuft. Das Wasser kommt; es wird von uns in vielen Formen genutzt; es verläßt uns, mehr oder weniger in Mitleidenschaft gezogen, und kehrt nach einiger Zeit geläutert zu uns zurück.
Es gibt bei den Phasenübergängen des Wassers noch andere bemerkenswerte Erscheinungen. Es kann sein, daß ein Übergang in eine neue Phase ausbleibt, obwohl er nach den Temperatur- und Druckverhältnissen eigentlich eintreten müßte. Solche Verspätungen sind sowohl beim Erstarren als auch beim Sieden des Wassers möglich.
Erstarrungsverzug kann bei erschütterungsfreier Abkühlung und Staubfreiheit eintreten. Wenn man Wasser unter diesen Bedingungen abkühlt, bleibt es flüssig, obwohl es bei den erreichten Temperaturen und dem herrschenden Druck schon längst erstarrt sein müßte. Man hat auf diese Weise Wasser schon bis zu $-45\,^{\circ}C$ unterkühlt. Natürlich ist ein solcher Zustand instabil. Schon bei geringsten Erschütterungen oder Verunreinigungen erstarrt das unterkühlte Wasser schlagartig, wo-

bei die Temperatur auf 0 °C steigt. Unterkühlte Wolken mit Temperaturen von 0 bis −20 °C können Flugzeugen sehr gefährlich werden. Sie führen nämlich zu einer Vereisung der Luftschrauben, der Vorderkanten der Tragflügel und des Leitwerks. Dadurch entsteht eine Gewichtszunahme und eine Veränderung der Profile der Tragflächen. Weil das die Flugfähigkeit stark beeinträchtigt, müssen Flugzeuge mit Enteisungsanlagen ausgerüstet sein. Dabei werden die gefährdeten Teile durch Abgase oder elektrischen Strom beheizt. Es gibt auch eine mechanische Enteisung. Dabei sind die Vorderkanten der Flugzeugteile mit einer Gummihaut überzogen, in die bei Vereisung Luft hineingepumpt wird. Durch die Ausdehnung der Gummihaut platzt das Eis ab. Man kann drittens die Flugzeugteile auch mit einer Enteisungsflüssigkeit versehen, die den Gefrierpunkt des Wassers herabsetzt. Wasser ist also so etwas wie ein Luftpirat, vor dem wir unsere Flugzeuge schützen müssen!
Beim Übergang von der flüssigen in die gasförmige Phase kann Siedeverzug eintreten: Das Wasser bleibt flüssig, obwohl es nach Druck und Temperatur sieden müßte. Das Eintreten des Siedeverzugs setzt eine staub- und erschütterungsfreie Erwärmung voraus. Man hat dabei schon 270 °C erreicht! Überhitztes Wasser befindet sich genauso in einem instabilen Zustand wie unterkühltes Wasser. Wird das Sieden ausgelöst, etwa durch Erschütterungen, so erfolgt es explosionsartig. Das ist eine Gefahr für Dampfkessel. Um den Siedeverzug zu vermeiden, bringt man in das Siedegefäß Siedeperlen oder Siedesteinchen. Wie können diese kleinen Körper die Dampfbildung erleichtern? Oft sind die Siedesteinchen porös. An den Luftblasen, die aus den Poren entweichen, bilden sich Dampfblasen. Die Siedesteinchen wirken auch wegen ihrer großen Krümmung als Siedekeime.
Nicht nur beim Erstarren und beim Sieden, sondern auch bei der Kondensation können Unregelmäßigkeiten auftreten. Wie kommt es zur Kondensation des Wasserdampfes aus der Luft? Die Luft kann nicht unbegrenzt Wasserdampf aufnehmen. Nehmen wir einmal an, daß sich über einem See eine ruhende Luftschicht befindet. Infolge der Verdunstung gelangen Wassermoleküle aus der Oberfläche des Sees in die Luftschicht. Die Folge davon ist, daß der Druck des Wasserdampfes in der Luft steigt. Das ist aber nur bis zu einem temperaturabhängigen Maximalwert möglich, den man Sättigungsdruck nennt. Bei Erreichen des Sättigungsdrucks hat sich ein dynamisches Gleichgewicht zwischen verdunstenden und kondensierenden Teilchen

herausgebildet. Der Sättigungsdruck beträgt bei 15 °C $1{,}7 \cdot 10^3$ Pa. Das bedeutet, daß bei dieser Temperatur in 1 m^3 Luft höchstens 12,8 g Wasserdampf enthalten sein können. Bei 22 °C ist der Sättigungsdruck größer. Er beträgt jetzt $2{,}6 \cdot 10^3$ Pa. Bei dieser Temperatur können in 1 m^3 19,4 g Wasserdampf vorhanden sein. Als relative Luftfeuchtigkeit bezeichnet man das Verhältnis von realem Wasserdampfgehalt zum maximal möglichen. Wenn die Temperatur sinkt, so steigt bei konstanter Wasserdampfmenge die relative Luftfeuchtigkeit, weil ja das maximale Aufnahmevermögen abnimmt.

Wenn die Temperatur so weit gesunken ist, daß die relative Luftfeuchtigkeit den Wert 1 erreicht hat (die reale Dampfmenge ist gleich der höchstmöglichen geworden), beginnt normalerweise die Kondensation des Wasserdampfes, verbunden mit Wolkenbildung und nachfolgendem Niederschlag. Die dabei erreichte Temperatur bezeichnet man als Taupunkt.

Nun ist aber die Kondensation an das Vorhandensein von Kondensationskernen gebunden. Das können z. B. Staubteilchen sein. Wenn solche Partikel fehlen, bleibt die Kondensation aus. Das Luft-Dampf-Gemisch wird unter den Taupunkt abgekühlt. Es tritt eine Übersättigung ein. Auch dieser Zustand ist labil. Sobald diese übersättigten Luftmassen in Gebiete gelangen, in denen Kerne vorhanden sind, tritt eine rasche Kondensation ein. In bodennahen Schichten kommt es dabei zur Nebelbildung. Nebel setzt hohe Luftfeuchte, Unterkühlung des Wasserdampfes und Kondensationskerne voraus. Kondensationskerne sind besonders zahlreich über Industriegebieten vorhanden. Das ist der Grund dafür, daß sich vor allem dort häufig Nebel bildet. Der gefürchtete Londoner Nebel wird zusätzlich durch relativ hohe Luftfeuchtigkeit begünstigt.

Was ist eigentlich Nebel? Nebel ist eine besondere Form des Niederschlags. Andere Formen sind Regen, Schnee und Hagel. Nebel besteht aus sehr kleinen Wassertropfen mit Durchmessern um 0,02 mm. Fünfzig Nebeltropfen aneinandergereiht nehmen erst eine Strecke von 1 mm „Länge“ ein! Sind diese Nebeltröpfchen auch noch so klein, durch ihre riesige Anzahl sind sie in der Lage, die Sichtweite erheblich einzuschränken und manchmal den gesamten Verkehr lahmzulegen oder zumindest stark zu behindern. Wasser als alles verhüllender Schleier!

Man kann die Kondensation an in die Luft eingebrachten Partikeln sehr gut an den Kondensstreifen erkennen, die sich am blauen Himmel hinter Düsenflugzeugen bilden. Die Kondensationskerne werden dabei durch das Triebwerk ausgestoßen.

Am Entstehen dieser Kondensstreifen erkennen wir, daß in den großen Höhen, in denen solche Düsenmaschinen fliegen, übersättigter Wasserdampf vorhanden ist, der aus Mangel an Kernen nicht kondensieren kann. Erst im heißen Gasstrahl des Flugzeugs sind genügend Kondensationskerne in Form von Ionen vorhanden. Sehr deutlich sind diese vom Menschen verursachten fadenförmigen Wolken gegen das Blau des Himmels zu sehen, besonders dann, wenn sie von der soeben unter den Horizont gesunkenen Sonne angestrahlt werden. Nur dort, wo die vom Flugzeug entsandten Kondensationskerne hingelangen können, beobachten wir eine Kondensation. Rechts und links davon gibt es keine. Dabei ist die relative Luftfeuchtigkeit dieselbe wie im Gebiet des Kondensstreifens. Das unterstreicht die Notwendigkeit des Vorhandenseins von Kondensationskernen. Wasser als Schriftenmaler an der oberen Grenze der Troposphäre!

Interessant ist die Tatsache, daß sowohl der Schmelz- als auch der Siedepunkt des Wassers druckabhängig sind. Über die außergewöhnliche Erscheinung der Erniedrigung des Schmelzpunktes von Wasser durch Druckerhöhung haben wir weiter oben schon berichtet. Beim Siedepunkt des Wassers gibt es keine besonderen Vorkommnisse. Er verhält sich normal, d. h., er erhöht sich, wenn der Druck steigt. Ein verständliches Verhalten, wenn man bedenkt, daß beim Sieden Wasserteilchen der Oberfläche und des Inneren gegen den äußeren Druck die Flüssigkeit verlassen müssen. Wenn dieser wächst, muß die Energie der Teilchen und damit die Temperatur zunehmen. Aus dem gleichen Grunde sinkt der Siedepunkt des Wassers bei Druckerniedrigung. Beim normalen Luftdruck von $1{,}013 \cdot 10^5$ Pa siedet das Wasser bekanntlich bei 100 °C. Wenn der Druck auf $15{,}55 \cdot 10^5$ Pa steigt, siedet das Wasser erst bei 200 °C. Hingegen bedeutet eine Druckerniedrigung auf $0{,}2 \cdot 10^5$ Pa, daß das Wasser schon bei 60 °C siedet. Diese Druckabhängigkeit des Siedepunktes hat praktische Bedeutung. So erzeugt man in Dampfkesseln bei hohen Drücken Heißdampf mit Temperaturen von mehreren hundert Grad Celsius, weil dieser besser nutzbar ist als Dampf von 100 °C.

Wenden wir uns nun der Erniedrigung des Siedepunkts des Wassers beim Sinken des Drucks zu. Es ist bekannt, daß der Luftdruck im Gebirge geringer ist als in der Höhe des Meeresspiegels, wo im Jahresmittel der normale Luftdruck von $1{,}013 \times 10^5$ Pa herrscht. Warum nimmt der Druck ab? Wir können den Luftdruck mit dem Schweredruck im Wasser vergleichen. Da die Höhe der Luftsäule über dem Gebirge geringer ist als

über dem Meer, ist auch der Luftdruck geringer. Am Meer tauchen wir gewissermaßen tiefer in die Atmosphäre ein als im Gebirge.
In einer Flüssigkeit war der Schweredruck der Höhe der Flüssigkeitssäule über dem betrachteten Ort direkt proportional. Bei Gasen sind die Zusammenhänge komplizierter, da man die Kompressibilität der Gase berücksichtigen muß, die zur Änderung der Dichte führt. Für mathematisch Interessierte sei die barometrische Höhenformel angegeben, die für den Druck p in der Höhe h gilt:

$$p = p_0 e^{-\frac{\varrho_0 g}{p_0} h}$$

Dabei sind p_0 und ϱ_0 auf den Meeresspiegel bezogene Werte für den Druck und die Dichte. Aus dieser Gleichung folgt z. B., daß in 10000 m Höhe nur noch ein Druck von $0{,}289 \cdot 10^5$ Pa herrscht. Das sind nur noch 28% des normalen Luftdrucks. Für nicht sehr große Höhenunterschiede kann man die Näherungsregel benutzen, daß der Luftdruck um $1{,}33 \cdot 10^2$ Pa abnimmt, wenn die Höhe um 10,5 m zunimmt.
Weil im Gebirge der Luftdruck geringer ist als der normale Luftdruck, siedet das Wasser dort schon unterhalb von 100 °C. Beispielsweise siedet das Wasser in 5000 m Höhe bei 83 °C. Es wird deshalb nicht gelingen, in dieser Höhe Kartoffeln in einem normalen Kochtopf zu garen, da dazu höhere Temperaturen notwendig sind. Das ist natürlich nur ein theoretisches Beispiel, denn wer will schon in dieser Höhe Kartoffeln essen.
Es gibt aber eine durchaus reale Anwendung der Siedepunktsveränderung bei Wasser im Hochgebirge. Man kann Wasser zur Höhenmessung benutzen! Da man den Zusammenhang von Höhe, Luftdruck und Siedetemperatur des Wassers kennt, kann man aus dem Siedepunkt des Wassers die Höhe bestimmen, in der man sich befindet. Man muß allerdings den Luftdruck am Ausgangsort kennen und annehmen, daß sich während des Aufstiegs keine grundlegenden meteorologischen Veränderungen vollzogen haben. Es gibt spezielle Siedebarometer, sogenannte Hypsometer, mit denen man den Luftdruck und damit die Höhe aus der Siedetemperatur des Wassers bestimmen kann. Diese Geräte benutzt man bei Expeditionen, weil sie leichter transportierbar und handhabbarer sind als Quecksilberbarometer. Das Wasser als überdimensionale Meßlatte!
In diesem Kapitel haben wir gesehen, daß uns Wasser nicht nur als Flüssigkeit, sondern auch als fester Körper und als Gas gegen-

übertritt. Es wurde deutlich, daß es in der Nähe der Phasenübergänge eine Reihe bemerkenswerter Besonderheiten gibt, die das Leben der Menschen beeinflussen, die aber nicht als Merkwürdigkeiten empfunden werden, weil sie tagtäglich ablaufen.

Vom Strömen des Wassers

In den meisten der bisherigen Kapitel wurde das Wasser als ruhende Flüssigkeit beschrieben. Nun ist es aber so, daß das Wasser immer nur für eine relativ kurze Zeit ruht, in der Badewanne etwa, in einem Faß, in einem See. Aber bald muß es sich wieder bewegen, muß sich einordnen in den großen Kreislauf. Selbst unter der Erdoberfläche findet es keine Ruhe: Es fließt oder wird, wenn es sich in unterirdischen Seen gesammelt hat, vom Menschen aufgespürt und mit Hilfe von Brunnen an die Oberfläche gebracht, damit es ihm nütze. Das Volkslied hat recht, wenn es vom Wasser sagt: „Das hat nicht Rast bei Tag und Nacht, ist stets auf Wanderschaft bedacht.“ Gerade dadurch, daß es sich in einem großen Zyklus ständig bewegt, gehend und kommend zugleich, ist es für Mensch, Tier und Pflanze immer verfügbar.

Strömendes Wasser treffen wir überall an. Denken wir nur an Bäche, Flüsse und Ströme, an Kanäle und Wasserfälle, aber auch an Wasserleitungen und globale Meeresströmungen wie den Golfstrom. Für strömendes Wasser gelten spezifische Gesetze. Einige von ihnen sollen in diesem Kapitel erläutert werden.

Wir alle haben schon einmal am Ufer eines Baches oder eines Flusses gesessen, haben uns an der scheinbar ewigen Bewegung des Wassers erfreut und seinem Plätschern und Murmeln gelauscht. Hat uns dann nicht die Versuchung gepackt, Holzstäbe als Boote starten zu lassen, das Wasser hinter Dämmen zu stauen, ankommendes Strandgut in künstliche oder natürliche Häfen zu dirigieren? Sind uns dann nicht viele Fragen gekommen: Warum strömt das Wasser? Warum bewegt es sich an einigen Stellen schnell, an anderen langsam? Warum strömt es dort sogar flußaufwärts? Wie entstehen Wirbel? Warum nimmt es kein Ende mit dem Wasser? Einige dieser Fragen wollen wir im folgenden beantworten.

Das Gebiet der Physik, das diese Probleme untersucht, ist die

Strömungslehre. Sie beschreibt das Verhalten strömender Medien in Kanälen und beim Umströmen von Hindernissen.
Die Ursache von Strömungen sind Kräfte. Das können äußere Kräfte sein, z. B. die Schwerkraft; das können aber auch innere Kräfte sein, z. B. Druckunterschiede in einer Flüssigkeit.
Da es sehr verschiedenartige Strömungen gibt, müssen wir uns auf einige spezielle Strömungen beschränken. Zuerst beschäftigen wir uns mit der Strömung einer Modellflüssigkeit, der idealen Flüssigkeit. Das ist eine Flüssigkeit, bei der keine innere Reibung auftritt.
Nun könnte man einwenden, daß es ja eine solche Flüssigkeit in der Realität gar nicht gibt, sondern daß bei jeder Strömung Reibungskräfte zwischen den Teilchen der Flüssigkeit wirken. Das ist zweifellos richtig. Aber mit der idealen Flüssigkeit ist es wie mit allen Modellen in der Physik: Gerade weil sie einige Eigenschaften der realen Dinge vernachlässigen, erleichtern sie es, die Zusammenhänge der objektiven Realität aufzudecken. Man muß selbstverständlich beachten, bei welchen Problemen das Modell angewandt werden darf und bei welchen nicht.
Das wollen wir an einem Beispiel erläutern. Bei vielen Untersuchungen der Mechanik kann man das Modell der Punktmasse verwenden, bei dem man das Volumen des zu untersuchenden Körpers vernachlässigt. So kann man bei der Behandlung der Gesetzmäßigkeiten der Planetenbewegung die Erde als Punktmasse betrachten, weil ihr Durchmesser im Verhältnis zu den Entfernungen im Planetensystem verschwindend klein ist. Wenn man dagegen Erscheinungen untersucht, die durch die Rotation der Erde verursacht werden, kann man ihr Volumen nicht vernachlässigen. Folglich ist das Modell „Punktmasse" auf dieses Problem nicht anwendbar.
Wenden wir uns wieder dem strömendem Wasser zu, das wir

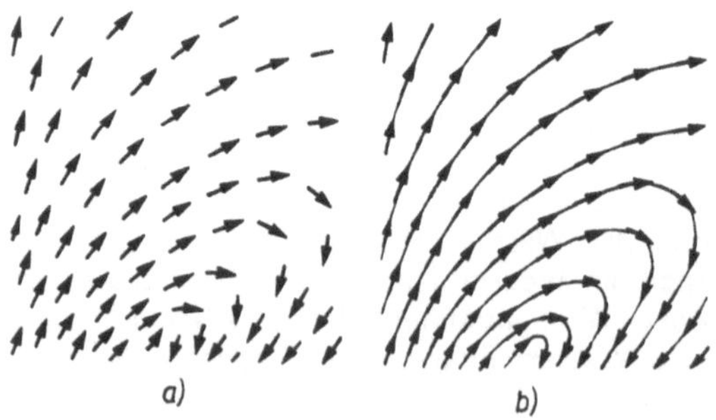

Abb. 28. Geschwindigkeit und Stromlinien

vorerst als ideale Flüssigkeit betrachten wollen. Jedes Teilchen des strömenden Mediums hat eine bestimmte Geschwindigkeit, die man durch einen Vektorpfeil zeichnerisch darstellen kann (Abb. 28). Verbindet man die Punkte so durch Kurven, daß die Geschwindigkeitsvektoren zu Tangenten werden, erhält man Stromlinien, die sich gut zur Veranschaulichung des Strömungsvorgangs eignen. Bleibt das Stromlinienbild zeitlich konstant, bleibt also die Strömungsgeschwindigkeit am gleichen Ort nach Betrag und Richtung gleich, so nennt man die Strömung stationär. Mit solchen Strömungen wollen wir uns jetzt beschäftigen. Stationär ist z. B. die langsame Strömung einer Flüssigkeit durch ein Rohr, an dessen Enden ein konstanter Druckunterschied herrscht. Mit Hilfe gefärbten Wassers kann man die Stromlinien im Stromlinienapparat sichtbar machen (Abb. 29). Dadurch ist eine Untersuchung von Gesetzmäßigkeiten der Strömung möglich geworden.

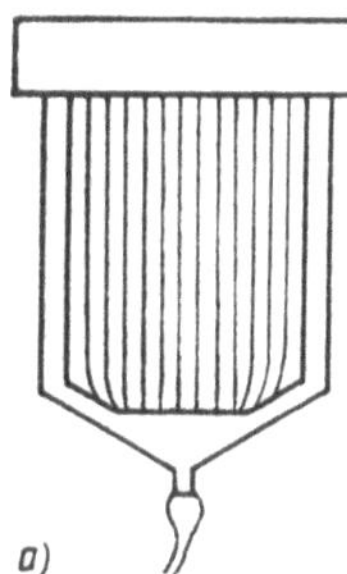

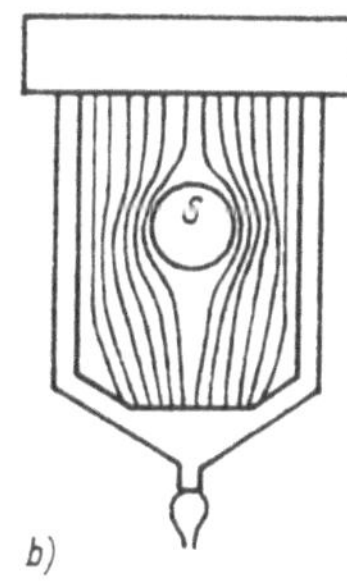

Abb. 29. Stromlinien

Zuerst wollen wir die Frage stellen: Was geschieht, wenn eine Flüssigkeit durch eine Rohrverengung strömt? Wir nehmen an, daß die Flüssigkeit inkompressibel ist, daß man sie also nicht zusammendrücken kann. Diese Bedingung ist näherungsweise bei allen realen Flüssigkeiten erfüllt. Unter der Annahme der Inkompressibilität muß das Volumen V_1, das in der Zeit Δt das Rohr mit der Querschnittsfläche A_1 durchströmt, gleich dem Volumen V_2 sein, das in der gleichen Zeit das Rohr mit dem Querschnitt A_2 passiert (Abb. 30). Also ist $V_1 = V_2$. Da man das Volumen durch den Term $Av\,\Delta t$ darstellen kann, folgt die Gleichung $A_1 v_1\,\Delta t = A_2 v_2 \Delta t$ und damit die Kontinuitätsgleichung

$$A_1 v_1 = A_2 v_2 .$$

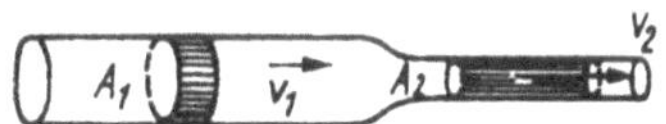

Abb. 30. Rohrverengung

Diese Gleichung, die eine der grundlegenden Gleichungen der Strömungslehre ist, besagt, daß bei einer inkompressiblen Flüssigkeit das Produkt aus der Querschnittsfläche der Stromröhre und der Strömungsgeschwindigkeit konstant ist. Das bedeutet aber, daß bei einer Abnahme des Querschnitts die Geschwindigkeit der strömenden Flüssigkeit zunehmen muß. So ist die Kontinuitätsgleichung der theoretische Beleg dafür, daß sich an den Stellen eines Flusses, an denen das Flußbett enger wird, die Strömungsgeschwindigkeit erhöht. Das führt zu den eindrucksvollen Vorgängen bei Flüssen, die Felsschluchten durchtosen. Unter Beachtung der Abb. 29b kann man folgenden Zusammenhang feststellen: Je enger die Stromlinien zusammenrücken, desto schneller strömt die Flüssigkeit.

Wir untersuchen jetzt die Druckverhältnisse bei einer stationären Strömung einer inkompressiblen Flüssigkeit. Insbesondere interessiert uns, welche Wirkung eine Veränderung der Strömungsgeschwindigkeit auf den Druck hat. Dazu betrachten wir ein Rohr mit Verengung, an dem zur Druckmessung zwei Steigrohre angebracht sind (Abb. 31). Die Durchmesser der Steigrohre sollen so groß sein, daß Kapillarerscheinungen nicht beachtet werden müssen. Mit Hilfe dieser Steigrohre kann man den statischen Druck p messen. Dieser hält dem Schweredruck der Flüssigkeitssäulen in den Steigrohren das Gleichgewicht. Er ist also um so größer, je höher die Flüssigkeit im Steigrohr steht. Die Steigrohre wirken wie Manometer. Man erkennt an Abb. 31, daß der statische Druck an der Stelle der Verengung geringer ist als im breiteren Teil des Rohres. Rohrverengung bedeutet Unterdruck! Dieser Zusammenhang wird von der Bernoullischen Gleichung beschrieben. Diese grundlegende Gleichung der Strömungslehre lautet in vereinfachter Form:

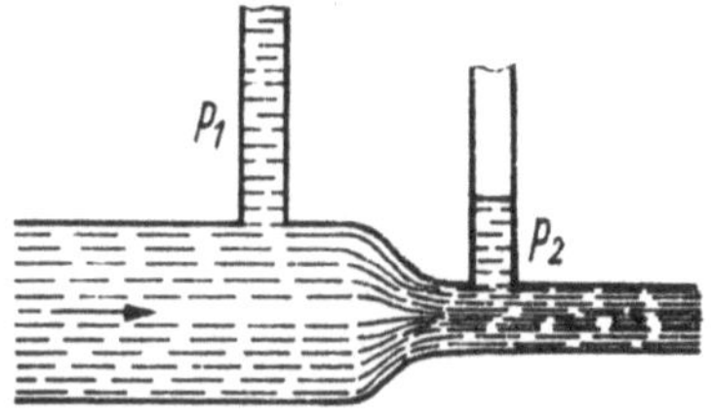

Abb. 31. Unterdruck bei Rohrverengung

$$p + \frac{1}{2}\varrho v^2 = \text{const.}$$

Auf eine Herleitung dieser Gleichung muß an dieser Stelle verzichtet werden, nicht aber auf eine Interpretation dieser wichtigen Gleichung. ϱ ist die Dichte der strömenden Flüssigkeit, v ihre Geschwindigkeit. Die Größe $\frac{1}{2}\varrho v^2$ wird als Staudruck oder als dynamischer Druck bezeichnet.
Nach der Bernoullischen Gleichung ist die Summe aus dem statischen und dem dynamischen Druck einer strömenden Flüssigkeit konstant. Das bedeutet, daß der statische, d. h. der mit einem Manometer meßbare Druck um so kleiner wird, je größer die Geschwindigkeit der Flüssigkeit ist.
Bei großen Strömungsgeschwindigkeiten kann infolge der durch die Bernoullische Gleichung beschriebenen Zusammenhänge ein spürbarer Unterdruck entstehen. Er wird praktisch genutzt.
Man kann einen Wasserstrahl, der durch eine Rohrverengung fließt, zum Heben von Wasser verwenden (Abb. 32a). Der statische Druck an der Einschnürung ist kleiner als der äußere Luftdruck. Infolgedessen wird das Wasser im Steigrohr nach oben gedrückt. Man spricht i. allg. davon, daß es angesaugt wird, obwohl diese Formulierung genaugenommen falsch ist.
Es sei an dieser Stelle auf den vielfältig verwendeten Saugheber (Abb. 32b) verwiesen, dessen Funktionsweise jedoch auf einem anderen Prinzip beruht. Wenn das gebogene Rohr gefüllt ist und in die Flüssigkeit eintaucht, so fließt das Wasser selbständig aus dem Gefäß aus. Es scheint, als ob es über einen Berg flösse. Das liegt aber daran, daß die Flüssigkeitssäule *CD* länger und damit schwerer als die Flüssigkeitssäule *CE* ist. Der längere Wasserfaden zieht gewissermaßen den kürzeren hinter sich her. Die Verwendung des Begriffs „Faden" weist darauf hin, daß die zwischenmolekularen Kohäsionskräfte des Wassers hier eine

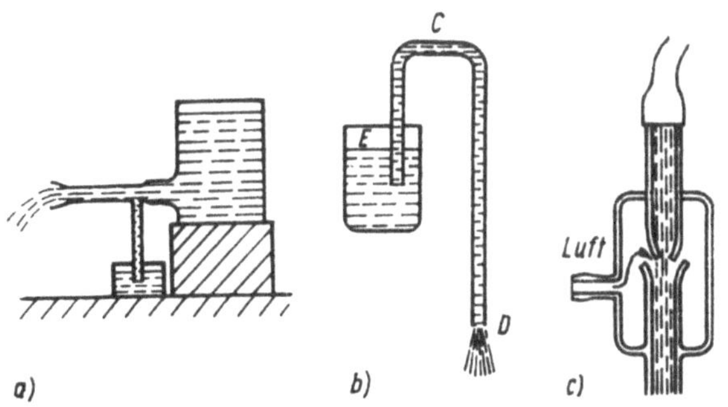

Abb. 32. Heber und Wasserstrahlpumpe

Rolle spielen. Das ist besonders dann der Fall, wenn der Saugheber im Vakuum arbeitet, was man mit einiger Geduld auch erreichen kann. Es ist nach dem Vorhergehenden verständlich, daß der Saugheber seine Funktion einstellt, sobald der Wasserspiegel bis zur Ausflußöffnung gesunken ist.

Nach dieser kleinen Abschweifung wenden wir uns wieder den Folgerungen aus der Bernoullischen Gleichung zu.

Unterdruck bei Rohrverengungen nutzt man bei der Wasserstrahlpumpe aus (Abb. 32c). In diesem Gerät fließt ein Wasserstrahl durch eine düsenartige Verengung, wodurch ein Unterdruck entsteht. Mit Hilfe dieses Unterdrucks kann man luftverdünnte Räume und Drücke bis hinunter zu $1{,}33 \cdot 10^3$ Pa erzeugen. Das sind nur noch 1,3% des normalen Luftdrucks! Wenn man anstelle von Wasser Wasserdampf verwendet, erreicht man $2{,}66 \cdot 10^2$ Pa und bei Quecksilberdampf sogar 0,133 Pa. Wir sahen, daß man Wasser als Treibmittel in Pumpen verwenden kann.

Der bekannte Zerstäuber arbeitet nach dem gleichen Prinzip, nur daß man hier den Unterdruck durch Einschnürung eines Luftstrahls erzeugt.

Die Druckverminderung durch Einengung eines Medienstrahls führt zu Erscheinungen, die paradox anmuten. Hält man z. B. vor seinen Mund zwei Papierblätter oder zwei Löffel und bläst dazwischen, so werden sie nicht etwa auseinandergetrieben, sondern infolge des erzeugten Unterdrucks vom äußeren Luftdruck zusammengepreßt. Das sind Beispiele für das aerodynamische Paradoxon, das sich auf Luftströme bezieht.

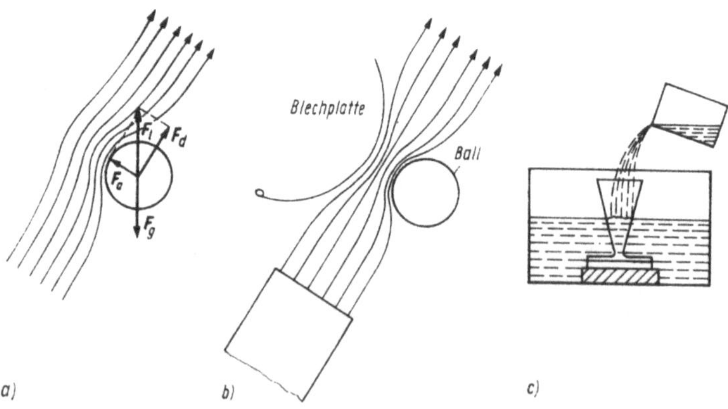

Abb. 33. Aerodynamisches und hydrodynamisches Paradoxon

Zwei verblüffende Experimente zu diesem Paradoxon zeigen die Abb. 33a und b. Man bringt einen Tischtennisball in den Strom einer Luftdusche und neigt diese um etwa 45°. Entgegen der Erwartung fällt der Ball nicht herunter, sondern bleibt an der Unterseite des Luftstroms „hängen". Der Grund dafür ist, daß durch die Verengung der Stromlinien an der Oberseite des Balls ein Unterdruck entsteht, durch den er in seiner Lage gehalten wird. In der Abb. 33a sind die wirkenden Kräfte dargestellt. Die Luftkraft F_l ist die Resultante aus der in Richtung des Luftstroms wirkenden dynamischen Druckkraft F_d und der vom Unterdruck verursachten Auftriebskraft F_a. Die Luftkraft hält dem Gewicht des Balls das Gleichgewicht.
Nähert man nun dem Ball von oben her eine gewölbte Blechplatte, so schlägt der Ball rhythmisch gegen die Platte wie ein Klöppel an eine Glocke. Was ist der Grund für dieses sonderbare Verhalten? Durch die Platte wird der Unterdruck verstärkt. Der Ball wird gehoben und schlägt gegen die Platte. Dabei unterbricht er den Luftstrom. Da jetzt kein Unterdruck mehr wirkt, fällt der Ball zurück, bis ihn der wieder einsetzende Luftstrom kraft des Unterdrucks aufhält und erneut hebt. So entsteht ein periodisches Auf und Ab des Balls.
Die vielleicht wichtigste Anwendung der Bernoullischen Gleichung kann hier nur angedeutet werden. Der durch Verengung der Stromlinien an den Tragflächen eines Flugzeugs erzeugte Unterdruck ist wesentliche Ursache für die Luftkraft, die das Flugzeug in der Luft hält.
Wenden wir uns wieder den Flüssigkeiten zu. Bei ihnen spricht man nicht vom aerodynamischen, sondern vom hydrodynamischen Paradoxon. Die Abb. 33c zeigt eine Versuchsanordnung zur Demonstration dieses Paradoxons. Gießt man in den Trichter Wasser, so bewegt sich infolge des Unterdrucks die untere Platte nach oben! Aus dem gleichen Grunde werden zwei Schiffe, die in einem Kanal in kleinem Abstand aneinander vorbeifahren, angezogen. Dadurch kann die Gefahr einer Kollision entstehen.
Zum Abschluß der Untersuchung des Druckverhaltens strömender Medien wollen wir noch auf eine unangenehme Folge des Unterdrucks bei Verengung der Stromlinien eingehen. Häufig berichten Zeitungen darüber, daß Stürme die Dächer von Häusern abgedeckt haben. Wie ist das möglich, wo doch die Dächer fest und windschlüpfrig gebaut sind? Abb. 34 verdeutlicht es. Über dem Dach entsteht durch die Verengung der Stromlinien ein Unterdruck, während unter dem Dach der normale Luftdruck wirkt. Schon eine Druckdifferenz von 1% des normalen

Luftdrucks erzeugt auf 100 m² Dachfläche eine nach oben gerichtete Kraft von 100000 N. Das entspricht dem Gewicht eines Körpers von 10 t Masse. Diese Kraft ist u. U. in der Lage, das Dach abzuheben.

Abb. 34. Unterdruck durch Dächer

Für zahlreiche praktische Probleme ist die Messung der Strömungsgeschwindigkeit wichtig. Das gilt für die Bestimmung der Geschwindigkeit von Flugzeugen und Schiffen relativ zur Luft bzw. zum Wasser. Das ist aber auch für Sportveranstaltungen von Bedeutung, weil ja in zahlreichen Disziplinen für die Anerkennung von Rekorden die Messung der Windgeschwindigkeit erforderlich ist. Es gibt verschiedene Methoden zur Messung von Strömungsgeschwindigkeiten.

Beim Prandtlschen Staurohr (Abb. 35a) kann man direkt den Staudruck bestimmen. Am Punkt 0, dem Staupunkt, ist das Medium in Ruhe, d. h. $v = 0\ \mathrm{m \cdot s^{-1}}$. Nach der Bernoullischen Gleichung wirkt dann an dieser Stelle der maximale statische Druck, den man als Gesamtdruck p_0 bezeichnet. An den Stellen S wird der statische Druck p gemessen. Die Druckdifferenz $p_0 - p$, die man bequem mit einem Flüssigkeitsmanometer messen kann, ist gleich dem Staudruck $\frac{1}{2}\varrho v^2$. Wenn man die Dichte des strömenden Mediums kennt, kann man aus der Differenz der Drücke

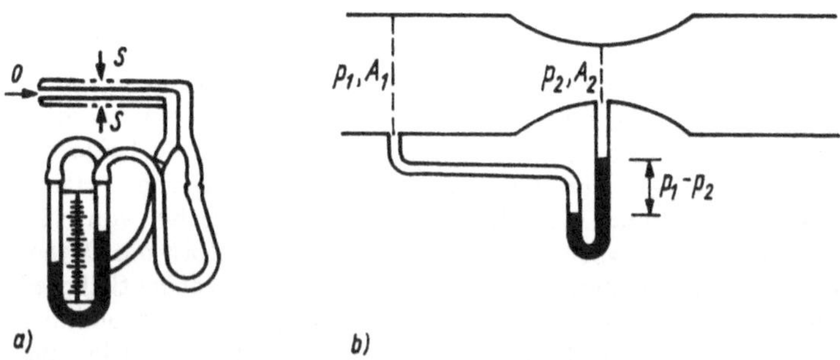

Abb. 35. Staurohr und Venturidüse

die Strömungsgeschwindigkeit bestimmen. In der Praxis benutzt man dazu Manometer, deren Skalen in km/h geeicht sind. Dieses Verfahren wendet man bei Schiffen zur Bestimmung der Geschwindigkeit relativ zum Wasser an. Die entsprechenden Meßgeräte bezeichnet man in der Schiffahrt als Logs. Bei Flugzeugen verwendet man für Geschwindigkeiten über 250 km/h Staurohre.

Ein anderes Gerät zur Bestimmung von Strömungsgeschwindigkeiten ist die Venturidüse (Abb. 35b). Bei ihr mißt man die Differenz von statischen Drücken an Stellen unterschiedlichen Querschnitts. Aus der Druckdifferenz $p_1 - p_2$ kann man mit Hilfe der Bernoullischen Gleichung und der Kontinuitätsgleichung die Geschwindigkeit v_1 bestimmen. Voraussetzung ist, daß man die Dichte des Mediums und das Verhältnis der Querschnittsflächen A_1 und A_2 kennt. Mit diesen Geräten kann man Windgeschwindigkeiten, kleine Geschwindigkeiten bei Flugzeugen und die Geschwindigkeit strömenden Wassers bestimmen. Wenn man den Querschnitt des Rohres kennt, kann man aus der Strömungsgeschwindigkeit auf die Durchflußmenge schließen. Deshalb kann man Venturidüsen auch bei den sog. Wasseruhren verwenden, mit denen der Wasserverbrauch eines Gebäudes gemessen wird.

Wir beenden damit die Untersuchung der Druckverhältnisse in strömenden Medien und wenden uns einem anderen interessanten Gebiet der Strömungslehre zu. Immer wieder ist man beeindruckt, wenn man beim fließenden Wasser die Bildung von Wirbeln beobachtet. Wirbel sind Gebiete, in denen sich das Wasser dreht. Sie entstehen meistens hinter umströmten Hindernissen. Sie können sich von ihrem Entstehungsort lösen und sich als drehende Gebiete im Wasser fortbewegen. Wirbel binden in jedem Fall Energie. Deshalb muß bei Fahrzeugen aller Art durch entsprechende Formgebung die Wirbelbildung so gering wie möglich gehalten werden.

Wie kommt es zur Bildung von Wirbeln, zur Drehung des strömenden Mediums? Um diese Frage beantworten zu können, müssen wir uns mit der inneren Reibung beschäftigen. Unter innerer Reibung versteht man eine Kraft $\mathbf{F}_R$, die einer gegenseitigen parallelen Verschiebung der Flüssigkeitsteilchen entgegenwirkt. Als Folge der inneren Reibung treten in der strömenden Flüssigkeit Geschwindigkeitsunterschiede auf, die nicht durch Rohrverengungen hervorgerufen werden und die letztlich die Ursache für die Wirbelbildung sind. Diese Aussage soll jetzt begründet werden.

Man stelle sich vor, daß eine ebene Platte in einer sirupartigen Flüssigkeit nach oben bewegt wird (Abb. 36). Die unmittelbar an ihr haftende Flüssigkeitsschicht *1* hat die gleiche Geschwindigkeit wie die Platte. Hier tritt keine Reibung auf. Die Schicht *2* jedoch bleibt infolge der inneren Reibung etwas hinter der Schicht *1* zurück, die Schicht *3* hinter der Schicht *2* usw. Den Betrag der Reibungskraft kann man mit dem Reibungsgesetz von Newton berechnen. Es lautet: $F_R = \eta A \frac{\Delta v}{\Delta x}$. A ist der Flächeninhalt der Berührungsfläche von Platte und Flüssigkeit. $\Delta v = v_1 - v_2$ ist die Differenz der Geschwindigkeiten der zur Platte nächsten bzw. fernsten Flüssigkeitsschicht. $\Delta x = x_2 - x_1$ ist die Dicke der mitbewegten Schicht. Wir ersehen aus dem Reibungsgesetz, daß die Reibungskraft unter sonst gleichen Bedingungen mit der Geschwindigkeit der Platte wächst. Um ein Messer schnell aus einem Gefäß mit Sirup zu ziehen, braucht man mehr Kraft, als wenn man langsam zieht.

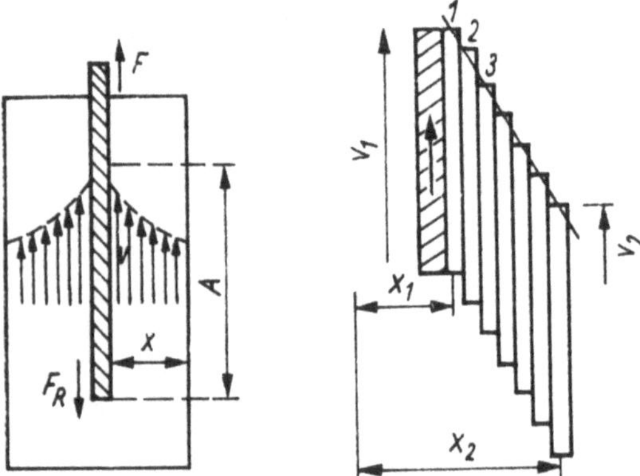

Abb. 36. Innere Reibung und Geschwindigkeitsverteilung

Aus der Gleichung für das Reibungsgesetz erkennen wir auch, daß die Reibungskraft der Größe η direkt proportional ist, wenn die anderen Größen konstant bleiben. η ist eine Stoffkonstante, hängt also vom Medium ab. η heißt Koeffizient der inneren Reibung oder auch dynamische Viskosität. Die Werte für η findet man in Tafeln. Zum Vergleich seien drei Zahlen angegeben. Bei Wasser beträgt die dynamische Viskosität $1{,}065 \cdot 10^{-3}$ N · s · m^{-2}, bei Öl $100 \cdot 10^{-3}$ N · s · m^{-2} und bei Luft nur $18{,}1 \cdot 10^{-6}$ N · s · m^{-2}. Man erkennt daran, daß Wasser nur etwa 1% der Viskosität des

Öls hat und daß die Zähigkeit von Gasen zwar sehr klein, aber doch meßbar ist.
Betrachten wir nun die Vorgänge etwas genauer, die stattfinden, wenn ein ruhender Zylinder vom Wasser umströmt wird. Im Idealfall der reibungsfreien Strömung erhält man das uns schon bekannte Stromlinienbild (s. Abb. 29b). Bei Berücksichtigung der inneren Reibung ergeben sich jedoch andere Verhältnisse. Es entstehen Geschwindigkeitsunterschiede, die in der Nähe des ruhenden Körpers am größten sind. Beim Betrachten der Abb. 37 wird deutlich, daß sich im Abschnitt *SQ* die Geschwindigkeit des Wassers nicht so stark erhöht, wie es im Idealfall wegen der Verengung der Stromlinien der Fall sein müßte. Ursache für diese Verzögerung ist die innere Reibung. Da Reibung Energieverlust bedeutet, gelangen die Wasserteilchen, die sich in der Nähe des Zylinders bewegen, nicht bis zum Punkt *S'*, sondern sie kommen schon in den Punkten *D* bzw. *D'* zur Ruhe. Weil auf der Rückseite des Zylinders das Druckgefälle von *S'* nach *Q* bzw. *Q'* wirkt, beginnen sich die betrachteten Teilchen entgegen der allgemeinen Strömungsrichtung zu bewegen. Die Hauptströmung wird dadurch nach und nach vom Zylinder abgehoben. Die außen vorbeiströmende Flüssigkeit versetzt infolge der Reibung den abgebremsten Teil der Flüssigkeit in Drehung. Es entstehen auf der Rückseite des umströmten Zylinders zwei Wirbel, die sich gegensinnig drehen. Je geringer die Viskosität der Flüssigkeit ist, desto ausgeprägter sind die Geschwindigkeitsdifferenzen, desto stärker ist die Wirbelbildung. Wirbel entstehen deshalb in Wasser viel leichter als in Öl. Wir haben gesehen, daß für die Entstehung von Wirbeln die innere Reibung und die von ihr verursachten Geschwindigkeitsunterschiede von entscheidender Bedeutung sind.

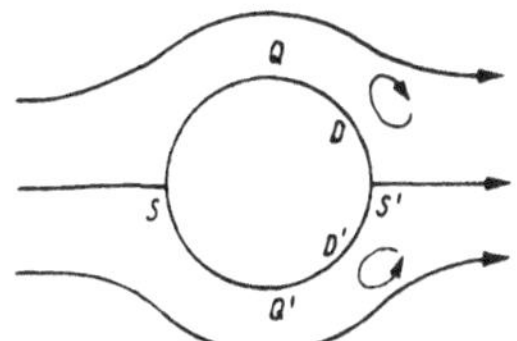

Abb. 37. Entstehung von Wirbeln

Wirbel können sich vom Erzeugungsort lösen und sich längere Zeit im Medium fortbewegen. Die Flüssigkeitsmasse eines Wirbels bleibt stets dieselbe. Deshalb wirken Wirbel wie selbständige rotierende feste Körper. Nach einiger Zeit vergehen sie infolge von Energieverlusten und störenden Einflüssen der

Umgebung. Große Wirbel existieren i. allg. länger als kleine Wirbel.
Die Rauchringe, mit denen Dampflokomotiven oder Raucher ihre Umwelt „erfreuen“, sind Beispiele für eine besondere Wirbelform, den Wirbelring. Wirbelringe bewegen sich immer senkrecht zu ihrer Ebene fort.
Eine andere spezielle Art der Wirbel sind die Hohlwirbel. Das sind Flüssigkeitswirbel, deren Kern von ruhenden Luftmassen gebildet wird. Da sich deren Oberfläche infolge der Schwerkraft trichterförmig nach unten durchbiegt, entsteht eine Saugwirkung. Solche Hohlwirbel findet man bei Strudeln in fließenden Gewässern und beim Ausfließen des Wassers aus Badewannen und ähnlichen Behältnissen. Es wird nun oft behauptet, daß sich diese Wirbel infolge der Corioliskraft auf der Nordhalbkugel der Erde immer nach rechts drehen müßten. Es gibt zwar die Corioliskraft. Sie ist eine Trägheitskraft im rotierenden System Erde. Sie verursacht auf der Nordhalbkugel bei Bewegungen, die in der Horizontalebene erfolgen, eine Ablenkung nach rechts. Diese Ablenkung macht sich bei Meeres- und Luftströmungen bemerkbar und hat deshalb Bedeutung für den Ablauf meteorologischer Prozesse. Die Coriolisablenkung ist auch die Ursache dafür, daß auf der Nordhalbkugel die rechten Flußufer stärker abgetragen sind als die linken. (Auf der Südhalbkugel ist das selbstverständlich umgekehrt.) Die Corioliskraft ist die Ursache für die langsame Drehung der Schwingungsebene eines Pendels (am Pol stündlich um 15°, in Leipzig um 11,7°), durch die der französische Physiker Foucault 1851 in einem historischen Experiment die Rotation der Erde nachweisen konnte. – Die Drehung des aus einem Behälter abfließenden Wassers jedoch wird vor allem von der Beschaffenheit der Abflußeinrichtung bestimmt. Sie kann deshalb nach rechts oder nach links erfolgen, sie kann auch ausbleiben.
Außer diesen Saugwirbeln gibt es auch Quellwirbel. In ihnen wird Wasser von unten nach oben transportiert. Ihr Zentrum liegt höher als ihre Peripherie. In jüngster Zeit sind solche Wirbel im nordwestlichen Teil des Indischen Ozeans entdeckt worden, deren Ausmaße gewaltig sind. Sie haben Durchmesser zwischen 110 und 360 km, ihre Reisegeschwindigkeit beträgt 16 km pro Tag. Im Wirbel wurden Strömungsgeschwindigkeiten zwischen 300 und 1000 m pro Stunde gemessen.
Immer wieder sind wir erschüttert, wenn wir über die verheerende Wirkung tropischer Wirbelstürme informiert werden. Das sind riesige Luftwirbel, deren Energie und Saugwirkung so

groß sind, daß in kürzester Zeit durch starken Sturm, durch wolkenbruchartige Regenfälle und ausgedehnte Überschwemmungen unübersehbare Verwüstungen angerichtet werden. Durch Frühwarnsysteme kann man heute die Zahl der Todesopfer reduzieren. Dem Wirbel selbst zu wehren, sind wir noch nicht in der Lage.
In diesem Kapitel erfuhren wir Interessantes über das strömende Wasser. Wenn wir uns jetzt erneut an das Ufer eines Flusses setzen, können wir die Vorgänge bewußter beobachten und gezielter experimentieren. Dabei wird es Überraschungen geben, die neue Fragen auslösen. Ihre Beantwortung wird uns erneut zum Lesen und Nachdenken zwingen.
Im folgenden Kapitel wollen wir uns dem Problem der Nutzung der durch das Wasser gespeicherten Energien zuwenden.

Vom Arbeitsvermögen des Wassers

Beginnen wir mit einer Quelle. Ohne Pause fließt das Wasser aus der Erde, scheinbar ewig währt dieser Prozeß. Fast könnte es uns scheinen, als ob unter der Erde ein riesiges Wasserreservoir wäre, vergleichbar einem Erdöllager, und als ob durch das ständige Fließen der Quelle der Vorrat des unterirdischen Wasserbehälters nach und nach aufgebraucht würde. Zum Glück ist es nicht so. Wir wissen, daß das Wasser in seinem Kreislauf ständig zurückkehrt, sich immer wieder selbst erneuert. Wo ist die Energiequelle für diesen Kreislauf? Es ist die Sonne. Sie ist die Ursache dafür, daß das Wasser verdunstet und in die Atmosphäre aufsteigt. Bei diesem Prozeß erhält das Wasser potentielle Energie (Energie der Lage). Das ist mechanische Energie, die ohne chemische Umwandlungen des Wassers nutzbar gemacht werden kann. Beim Erdöl jedoch liegen die Dinge anders. Als fossiler Brennstoff enthält es Sonnenenergie vergangener Erdzeitalter in Form chemischer Energie. Wir können diese Energie nur ein einziges Mal für uns nutzbar machen und müssen dabei das Erdöl unwiederbringlich zerstören. Es gibt leider keinen Kreislauf des Erdöls.
Kehren wir an unsere Quelle zurück. Wenn man das Rinnsal betrachtet, ist es schwer vorstellbar, daß das Wasser eine hohe potentielle Energie besitzt. Man muß etwas tiefer nachdenken. Das Wasser unserer Quelle wird – vielleicht nach vielen Um-

wegen – das Meer erreichen. Dann wird es im Vergleich zur Quelle um viele Meter gesunken sein. Die potentielle Energie berechnet man bekanntlich mit der Gleichung $E_{pot} = mgh$. m ist die Masse des Wassers, h seine Höhe und g die Fallbeschleunigung ($g = 9{,}81\ \text{m} \cdot \text{s}^{-2}$). Bei einer angenommenen Höhe der Quelle von 1000 m über dem Meerespiegel hat jedes Liter Wasser, das an der Quelle zutage tritt, bezogen auf den Meeresspiegel, eine potentielle Energie von 9810 J (J ist die Energieeinheit Joule). Diese Energie genügt, um einen Körper von 100 kg Masse 10 m hoch zu heben! Das Quellwasser – ein Goliath in Zwergengestalt!

Wenn das Wasser bergab fließt, verringert sich seine Höhe und damit seine potentielle Energie. Sie wird in andere Energieformen umgewandelt. Es muß erreicht werden, daß darunter möglichst viele dem Menschen nützliche Formen sind. Das geschieht, indem man dem Wasser Hindernisse in den Weg legt: Staumauern, Staudämme und Wehre. Diese Barrieren haben neben Flußregulierungen, Hochwasserschutz und Wasserversorgung vor allem den Zweck, die mechanische Energie des Wassers auszunutzen, indem man das Wasser mechanische Arbeit verrichten läßt. Solche Wasserkraftanlagen sind in ihrem Leistungsvermögen sehr unterschiedlich. Die Palette reicht vom Talsperrenkraftwerk mit einer gewaltigen Staumauer bis zum Flußkraftwerk mit wenigen Metern Gefälle. Das Herzstück solcher Wasserkraftwerke sind die Wasserturbinen. Zur effektiven Nutzung der Energien des Wassers muß es mit möglichst hoher Geschwindigkeit in die Turbine hineinfließen und sie mit kleiner Geschwindigkeit wieder verlassen. Gleichzeitig muß die geradlinige Bewegung des Wassers in eine Rotationsbewegung der Turbinenlaufräder umgewandelt werden.

Es soll jetzt das Arbeitsprinzip einer Wasserturbine erläutert werden (Abb. 38). In düsenförmigen Leiteinrichtungen wird entsprechend der Kontinuitätsgleichung eine hohe Strömungsgeschwindigkeit erzeugt. Mit dieser hohen Geschwindigkeit trifft das Wasser auf die Schaufeln des Laufrades. Diese sind so geformt, daß die Geschwindigkeit des Wassers beim Verlassen der Schaufeln minimal ist. Dadurch wird erreicht, daß ein hoher Prozentsatz der Energie des Wassers auf das Laufrad übertragen wird. Das Laufrad rotiert und reibt einen Generator an. Dieser erzeugt eine elektrische Spannung. Damit ist die mechanische Energie des Wassers in elektrische Energie umgewandelt worden, die wir in ihren mannigfaltigen Formen in der Industrie, der Landwirtschaft, im Verkehr und in den Haushalten nutzen. –

Wasserturbinen können Gefälle zwischen 1 und 2000 m umsetzen. Der Laufraddurchmesser beträgt 0,3 bis 10 m. Je nach Verwendungszweck gibt es verschiedene Bauarten von Wasserturbinen, auf die hier nicht eingegangen wird. Die Leistung einer Wasserturbine kann 500 MW erreichen (1 MW = 1 Megawatt = 10^6 Watt).

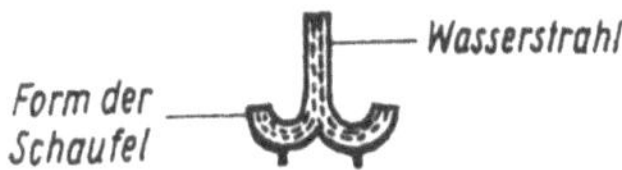

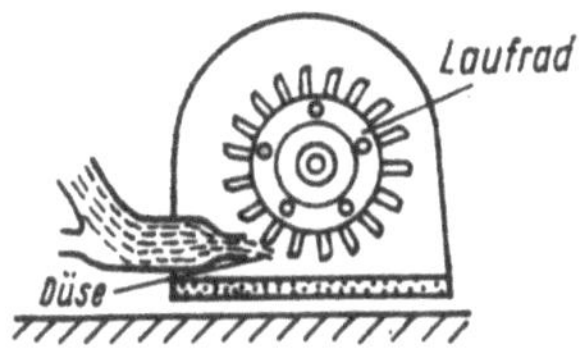

Abb. 38. Prinzip einer Wasserturbine

Wasserturbinen gibt es schon lange, denn die heute nur noch in technischen Museen zu bewundernden Wasserräder – beliebtes Sujet zahlreicher Volkslieder – sind Vorläufer der modernen Wasserturbinen.
Und unser Wasser? Nachdem es in der Turbine seine Schuldigkeit getan hat, muß es die Wasserkraftanlage verlassen und seinen Weg zum Meer fortsetzen. Da es bergab geht, hat das Wasser bald wieder genügend Energie, um die nächste Turbine anzutreiben. So ist sein Weg zum Meer mit zahlreichen vom Menschen errichteten Fallen versehen, in denen es eingefangen und erst wieder freigelassen wird, wenn es genügend gearbeitet hat. Aber auch im Meer ist ihm nur eine kurze Rast vergönnt. Bald muß es wieder aufsteigen und sich in den großen Kreislauf einreihen.
Die Ausnutzung der mechanischen Energie des Wassers ist ökonomisch vorteilhaft. Zwar entstehen beim Bau von Staudämmen und Wasserkraftwerken sehr hohe Kosten, die aber bald dadurch ausgeglichen werden, daß der Energieträger Wasser preiswert zur Verfügung steht. Dazu kommt der Vorteil, daß man nicht ständig neue Lagerstätten des Energieträgers erschließen muß wie bei Kohle.
Jedoch setzt die Nutzung der mechanischen Energie des Wassers ein hinreichend großes Gefälle und genügend Wasser vor-

aus. Nicht überall sind die natürlichen Bedingungen dafür vorhanden.
Man kann Wasser auch zur indirekten Speicherung elektrischer Energie nutzen. Diese Art der Speicherung ist aus zwei Gründen notwendig: Eine direkte Speicherung von Elektroenergie ist in großem Maßstab z. Z. noch nicht möglich. Der Bedarf an dieser Energie schwankt i. allg. stark. Aus diesem Grunde baut man Pumpspeicherwerke. Diese Speicherkraftwerke haben außer Turbinen und Generatoren auch noch Pumpen sowie ein unteres und ein oberes Speicherbecken. Während das untere Becken von einem Fluß gespeist wird, hat das obere Becken i. allg. keinen natürlichen Wasserzulauf. Beide Becken, deren Höhenunterschied zwischen 80 und 100 m betragen sollte, sind durch Druckrohrleitungen verbunden, deren Durchmesser bis zu 3,6 m betragen können. Das Prinzip dieser Kraftwerke ist das folgende: Nachts oder sonntags, wenn der Bedarf an Elektroenergie gering ist, pumpt man das Wasser aus dem unteren in das obere Becken. Dadurch wird elektrische Energie in potentielle Energie umgewandelt. Dabei arbeiten die Generatoren als Elektromotoren. In Zeiten erhöhten Elektroenergiebedarfs (Spitzenzeiten) läßt man das Wasser wieder nach unten fließen und Wasserturbinen antreiben, die mit den Generatoren gekoppelt sind. Dadurch wird potentielle Energie in elektrische Energie zurückverwandelt. Bei dieser indirekten Speicherung gehen 30 bis 40% elektrischer Energie verloren. Trotzdem sind die Pumpspeicherwerke eine wichtige Reserve für die Deckung des hohen Energiebedarfs in den Spitzenbelastungszeiten. Sie sind in 1,5 bis 3 min einsatzbereit. Durch solche Speicherwerke zwingt der Mensch das Wasser, für ihn Energie zu speichern und dafür mechanische Arbeit zu verrichten, wann immer es ihm beliebt. Eine ganz besondere Falle für unser Wasser!
Wenden wir uns nun einer Erscheinung zu, die überall auf der Erde anzutreffen ist und bei der das Wasser durch außerirdische Kräfte weltweit in Bewegung versetzt wird. Wir meinen die Gezeiten, jenen periodischen Wechsel von Ebbe und Flut, der an den Küsten der Ozeane und besonders gut in Buchten beobachtet werden kann. Alle 12 Stunden und 25 Minuten ist ein Maximum des Wasserstandes, ein Hochwasser, zu verzeichnen. Danach beginnt die Ebbe: Das Wasser strömt zurück, bis ein Tiefstand des Wassers, das Niedrigwasser, erreicht ist. Anschließend steigt das Wasser, die Flut beginnt. Sie ist beendet, wenn nach 12 Stunden und 25 Minuten der nächste Höchststand erreicht ist.

Was ist die Ursache für diese globale Wasserbewegung, die den Lebensrhythmus der Küstenbewohner prägt? Der Vergleich zweier Zeiten kann einen Anhaltspunkt liefern. 12 Stunden und 25 Minuten dauert es, bis das nächste Hochwasser erreicht ist. 24 Stunden und 50 Minuten vergehen, bis der Mond das nächste Mal genau im Süden steht. Sollte das ein Zufall sein? Es ist kein Zufall, sondern es gibt einen Zusammenhang zwischen dem Mond und den Gezeiten. Der erste, der den Nachweis dafür antreten konnte, war Newton.
Die Erde zieht den Mond infolge ihres Gravitationsfeldes an. Der Mond jedoch ist nicht passiv, sondern wirkt auf die Erde zurück. Das hat zur Folge, daß sich beide Himmelskörper um ihren gemeinsamen Schwerpunkt bewegen. Dieser befindet sich wegen der großen Masse der Erde noch im Erdinnern, 3/4 Erdradien vom Erdmittelpunkt entfernt. Deshalb wirken auf der Erdoberfläche außer der normalen Schwerkraft noch Gravitations- und Fliehkräfte, die durch die Anwesenheit des Mondes bedingt sind. Diese Kräfte sind die Ursache für die Gezeiten. Anhand der Abb. 39 wollen wir die Zusammenhänge etwas genauer erläutern.

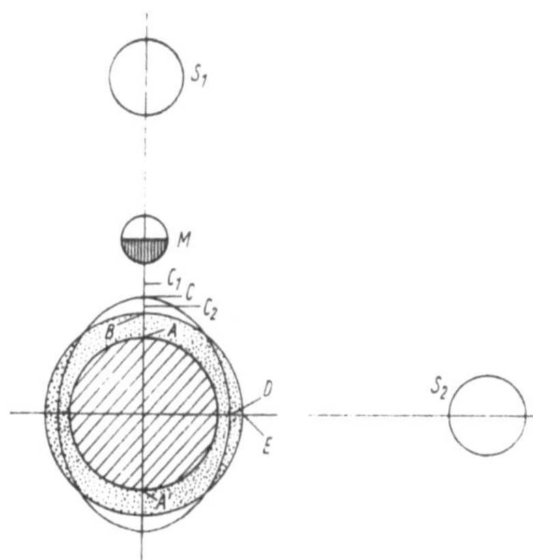

Abb. 39. Entstehung der Gezeiten des Wassers

Der Wassergürtel der Erde (punktiert) verändert sich entsprechend dem Stand des Mondes. Steht dieser im Meridian über dem Punkt *A*, so sind dort die vom Mond verursachten Gravitationskräfte größer als die Fliehkräfte. Infolgedessen steigt das Wasser von *B* nach *C* und weicht von *E* nach *D* zurück. Steht die Sonne gleichzeitig in S_1, so unterstützt sie den Vorgang. Das

Wasser steigt bis C_1. Wir sprechen von einer Springflut. Steht die Sonne jedoch in S_2, so wirkt sie gegen diesen Prozeß. Das Wasser steigt nur bis C_2, wir haben eine Nippflut.
Auch auf der dem Mond abgewandten Seite der Erde entsteht ein Wasserberg, weil hier die Fliehkräfte größer sind als die Massenanziehungskräfte des Mondes. Deshalb gibt es während einer Erdumdrehung zweimal Flut.
Würde sich die Erde nicht um ihre Achse drehen, so würden in A und A' ständig Wasserberge vorhanden sein. Infolge der Erdrotation wandern die Wasserberge rund um die Erde und verursachen so den Gezeitenwechsel. Das Wasser im Dienst außerirdischer Kräfte!
Wir haben erkannt, daß der Mond die Hauptursache der Gezeiten ist. Es sei am Rande bemerkt, daß der von manchen Menschen vermutete Einfluß des Mondes auf das Wetter oder gar auf die Termine für Hochzeiten oder Reisebeginn Aberglaube ist.
Wir haben weiter oben geschrieben, daß Gezeiten überall anzutreffen sind. Diese Aussage ist deshalb wahr, weil Gezeiten nicht auf das Wasser beschränkt sind. Die gesamte Erdkruste hebt und senkt sich im Rhythmus der Gezeiten. Selbst im Gebirge konnten periodische Höhenschwankungen nachgewiesen werden, die einen Betrag von einigen Zentimetern erreichen.
Es liegt nun der Gedanke nahe, die Energie der Gezeiten in Kraftwerken zu nutzen. Das setzt aber voraus, daß die Differenz zwischen Hoch- und Niedrigwasser, der Tidenhub, hinreichend groß ist und genügend Wasser zur Verfügung steht. Der konkrete Verlauf von Ebbe und Flut wird vor allem von den örtlichen Gegebenheiten bestimmt. So ist es verständlich, daß der Tidenhub sehr unterschiedlich ist. Er beträgt in der kanadischen Fundy-Bay 16 m, in der Bucht von St. Malo in Nordwestfrankreich 13 m, bei Cuxhaven 3,2 m und auf dem offenen Meer 0,5 m.
Bei St. Malo wurde 1967 das erste Gezeitenkraftwerk der Welt fertiggestellt. Es nutzt die Energie der Gezeiten für die Erzeugung von Elektroenergie. Das geschieht folgendermaßen: Das Wasser strömt bei Flut in ein Becken. Beim Zurückfließen während der Ebbe treibt es Wasserturbinen an und verrichtet so mechanische Arbeit. Mit den Turbinen sind Generatoren gekoppelt, die eine elektrische Spannung erzeugen. Obwohl die Energie der Gezeiten praktisch unentgeltlich zur Verfügung steht, gibt es nur wenige Orte der Erde, an denen die Errichtung von Gezeitenkraftwerken vorteilhaft wäre. Das hängt damit zusammen, daß den geringen Betriebskosten hohe Geste-

hungskosten und ein ungleichmäßiges Energieaufkommen gegenüberstehen.
Das Wasser ist also auf mannigfaltige Art und Weise in der Lage, mechanische Arbeit zu verrichten. Innerhalb seines Kreislaufs erhält es durch die Sonne ständig potentielle Energie. Deshalb kann das Wasser auf seinem Wege vom Gebirge zum Meer zur Erzeugung von Elektroenergie genutzt werden. Außerdem führt das Wasser infolge der Gezeiten weltweit eine periodische Horizontalbewegung aus, die an geeigneten Stellen ebenfalls zur Energieerzeugung verwendet werden kann

Von der Wellenbewegung des Wassers

Wasser und Wellen gehören zusammen. Beeindruckend ist der Anblick von Meereswellen bei stürmischer See. Auch auf großen Binnenseen kann man Wasserwellen beobachten, wenn der Wind auffrischt oder ein größeres Schiff vorüberzieht. Schließlich hat wohl schon jeder einmal einen Stein in einen stillen See geworfen und die Ausbreitung kreisförmiger Wellen betrachtet (Abb. 40).

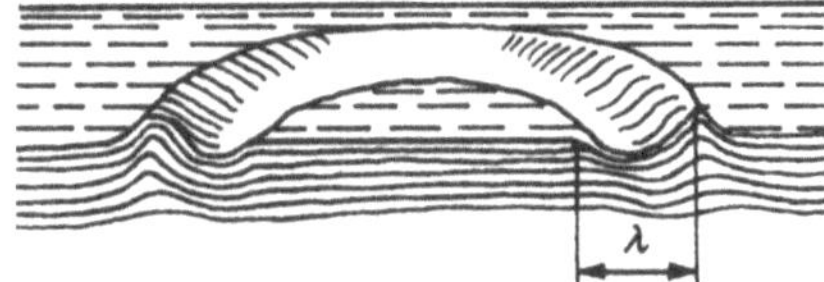

Abb. 40. Kreisförmige Einzelwelle

Wie entstehen Wasserwellen, und welche Vorgänge finden statt, wenn sich eine Wasserwelle ausbreitet?
Unter einer Welle versteht man ganz allgemein einen Vorgang, bei dem sich physikalische Größen zeitlich und räumlich periodisch ändern. Diese sich periodisch ändernden Größen können sehr verschiedenartig sein: Geschwindigkeiten, Abstände, Kräfte und Feldstärken sind einige Beispiele dafür. Periodisch ist ein Vorgang dann, wenn er sich nach einem bestimmten Intervall in genau der gleichen Weise wiederholt.
Mechanische Wellen entstehen dadurch, daß schwingungsfähige Teilchen nacheinander zum Schwingen angeregt werden. Wellen setzen sich folglich aus einer Vielzahl zeitlich versetzter

Schwingungen zusammen. Wellen breiten sich mit einer Ausbreitungsgeschwindigkeit c aus. Jede Wellenbewegung ist mit einem Energietransport verbunden.
Wasserwellen sind spezielle mechanische Wellen. Die vorangestellten allgemeinen Aussagen gelten auch für sie. Wasserwellen sind Oberflächenwellen. Sie entstehen dadurch, daß die Teilchen der Wasseroberfläche durch mechanische Einflüsse (z. B. Wind) nacheinander in eine kreisförmige Bewegung versetzt werden. Abb. 41 soll das verdeutlichen. Bei ruhigem Wasser befinden sich die Teilchen alle auf der Linie *0–0'*. Dann beginnt das Teilchen *0* mit einer Kreisbewegung im Uhrzeigersinn. Danach bewegt sich das Teilchen *1*, dann das Teilchen *2* usw. Die Abbildung zeigt den Moment, in dem das Teilchen *0* den Kreis einmal durchlaufen und das Teilchen *11* seine Bewegung gerade begonnen hat. Wenn man die Teilchen durch eine Linie verbindet, wird die charakteristische Form der Wasserwelle deutlich. An einen schmalen spitzen Wellenberg schließt sich ein breites Wellental an. Die Teilchen des Wellenbergs werden über die normale Wasserlinie gehoben, während die Teilchen des Wellentals unter diese Linie gesenkt werden. Den größten Abstand von der Mittellinie bezeichnet man als Amplitude. Man kann sie bei den Teilchen *3* und *9* messen. Die Amplitude entspricht bei Oberflächenwellen dem Radius der Kreise, auf denen sich die Teilchen bewegen. Den Abstand λ bezeichnet man als Wellenlänge. Sie ist der kleinste Abstand zweier Teilchen, die sich in gleichem Schwingungszustand befinden.

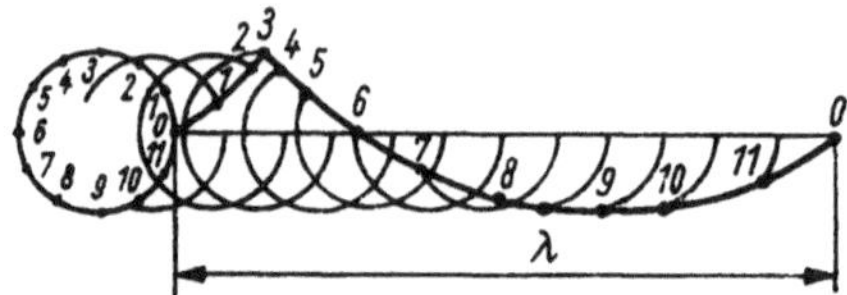

Abb. 41. Entstehung einer Wasserwelle

Bei Sturm können Meereswellen Amplituden von 10 m erreichen. Das bedeutet immerhin einen Höhenunterschied von 20 m zwischen dem höchsten und dem tiefsten Punkt der Welle. Solche Wellen sind schon manchem Schiff zum Verhängnis geworden. Diese Sturmwellen können Ausbreitungsgeschwindigkeiten von 15 m/s und Wellenlängen von 150 m erreichen.
Wenden wir uns noch einmal der Abb. 41 zu. Sie ist nur eine Momentaufnahme der Welle. Im nächsten Moment befindet sich das Maximum beim Teilchen *4*, das Minimum beim Teilchen *10*.

Das Teilchen $0'$ hat gerade mit seiner Bewegung begonnen. Wir erkennen: Wenn sich eine Welle im Wasser ausbreitet, so werden keine Wasserteilchen transportiert. Die Wasserteilchen führen eine Kreisbewegung um einen festen Ort aus, der in der normalen Wasseroberfläche liegt. Was sich ausbreitet, das ist der Vorgang, die Wellenbewegung. Ein bestimmter Anregungszustand breitet sich im Wasser aus und erfaßt nach und nach immer neue Teilchen der Wasseroberfläche, weil diese durch zwischenmolekulare Kräfte gekoppelt sind. Infolgedessen wandern Wellenberge und Wellentäler durch das Wasser. Wenn ein solcher Wellenberg flaches Ufer erreicht, fließt das Wasser infolge des Anhebens etwas den Strand hinauf. Beim nachfolgenden Wellental fließt es wieder zurück.
Es gibt zwei Gegenspieler zur Wellenbewegung des Wassers. Das sind die Gravitation und die Oberflächenspannung. Beide versuchen, die Wasseroberfläche zu glätten. Bei Wellen mit großer Wellenlänge dominiert die Schwerkraft, bei Wellen mit kleiner Wellenlänge die Oberflächenspannung. Kurze Wasserwellen, die von der Oberflächenspannung bestimmt werden, bezeichnet man als Kapillar- oder Kräuselwellen.
Für die Ausbreitungsgeschwindigkeit von Oberflächenwellen hat man folgende Beziehung gefunden:

$$c = \sqrt{\frac{g\lambda}{2\pi} + \frac{2\pi\sigma}{\varrho\lambda}}\,.$$

Der erste Summand in der Wurzel beschreibt den Einfluß der Gravitationsfeldstärke g, der zweite den Einfluß der Oberflächenspannung σ. c hat ein Minimum, wenn $\lambda = 2\pi\sqrt{\sigma/(g\varrho)}$ ist. Diese kleinste Ausbreitungsgeschwindigkeit beträgt für das Wasser etwa 0,23 m/s.
Wasserwellen werden also durch äußere mechanische Einflüsse erzeugt. Sie sind Oberflächenwellen. Die Teilchen der Wasseroberfläche führen eine Kreisbewegung aus. Die Ausbreitungsgeschwindigkeit der Wasserwellen hängt von der Wellenlänge, der Schwerkraft und der Oberflächenspannung ab.

Schlußbemerkung

Dadurch, daß wir das Wasser auf zahlreichen Etappen seines Kreislaufs begleiteten und seine Wandlungen und Wirkungen untersuchten, veränderte sich unser Verhältnis zu dieser wichtigen Flüssigkeit. Sie wurde uns vertrauter und damit interessanter.

Natürlich konnte nur ein Teil der Eigenschaften des Wassers behandelt werden. Interessierte Leser sollten sich deshalb in der weiterführenden Literatur, in Lehrbüchern der Physik, der Biologie, der Geologie und Geographie sowie in Veröffentlichungen zur Land-, Wasser- und Energiewirtschaft informieren.

Sachverzeichnis

Band	Autor und Titel	Preis	Best.-Nr.
1	Landau/Rumer, Was ist die Relativitätstheorie?	3,60	6660434
2	Makejewa/Zedrik, Verwunderliches aus der Physik	4,15	6655272
7	Artamonow, Optische Täuschungen	7,90	6651562
12	Makowezki, Schau den Dingen auf den Grund!	8,50	6655870
23	Butkewitsch/Selikson, Ewige Kalender	5,90	6656961
24	Dautcourt, Was sind Pulsare?	4,90	6657067
26	Lange, Physikalische Paradoxa und interessante Aufgaben	8,—	6657016
27	Bogdanow, Laser lenken Flugkörper	4,30	6657454
28	Bogdanow, Vom Molekül zum Kristall	7,40	6657489
29	Dautcourt, Was sind Quasare?	4,90	6657534
36	Holzmüller, Unsere Umwelt – ihre Entwicklung und Erhaltung	6,—	6657657
37	Komarow, Neue unterhaltsame Astronomie	12,—	6665681
38	Lange, Physikalische Knobeleien	5,60	6658350
45	Kaplan, Physik der Sterne	13,—	6659943
47	Nowikow, Schwarze Löcher im All	5,50	6660354
50	Meinhold, Energie aus der Tiefe der Erde	6,50	6660311
51	Jefremow, In die Tiefen des Weltalls	12,80	6665673
52	Nowikow, Evolution des Universums	11,50	6660880
53	Kogan, Hundert Aufgaben zur Elektrizität	4,30	6661453
54	Anders, Rund um das Wasser – ein physikalischer Streifzug	3,40	6661445
55	Slobodezki/Aslamasow, Nachgedacht und mitgemacht – Kniffliges aus der Physik	11,50	6661891
57	Anders, Weil die Erde rotiert	4,50	6662595
58	Pätz/Rascher/Seifert, Kohle – ein Kapital aus dem Tagebuch der Erde	8,80	6662704
59	Pokrowski, Explosion und Sprengung	9,80	6662608
60	Marow, Die Planeten des Sonnensystems	19,80	6662624
61	Spiering, Auf der Suche nach der Urkraft	7,60	6663205
62	Resanow, Die Entstehung der Ozeane	12,—	6663838
63	Tarassow/Tarassowa, Der gebrochene Lichtstrahl	9,10	6663811
64	Ostrowski, Holografie – Grundlagen, Experimente und Anwendungen	12,80	6663803
65	Braginski/Polnarjow, Der Schwerkraft auf der Spur	9,60	6665227
67	Anders, Reisebegleiter Physik	4,80	6665219
70	Feister, Ozon – Sonnenbrille der Erde	8,80	6665892

BSB B.G.TEUBNER VERLAGSGESELLSCHAFT, LEIPZIG